木村　睦［著］

電気書院

はじめに

有機ELとは，有機物の薄膜に電流を流すことで発光する素子のことである．ELはエレクトロルミネセンス（Electroluminescence）の略で，電界発光という意味である．しかしながら，たしかに電界をかけてはいるが，それが直接にではなく，電界によって誘起された電流が流れてはじめて発光する．日本以外の欧米などでは有機ELのことをOLED（オーレッド）つまり有機発光ダイオード（Organic Light-Emitting Diode）とよび，有機物で一定方向に電流を流すと発光する素子だということをよく表している．すなわち，有機ELとOLEDは同じものであるが，一般にはおそらく親しみやすいので有機ELとよばれることが多く，専門家はより正確な表現ということでOLEDと言うことが多い．いっぽうで無機ELというものもあって，これは交流の電界をかけると発光する素子である．直流の電流は流れないので，文字どおりELすなわち電界発光である．無機ELでは，

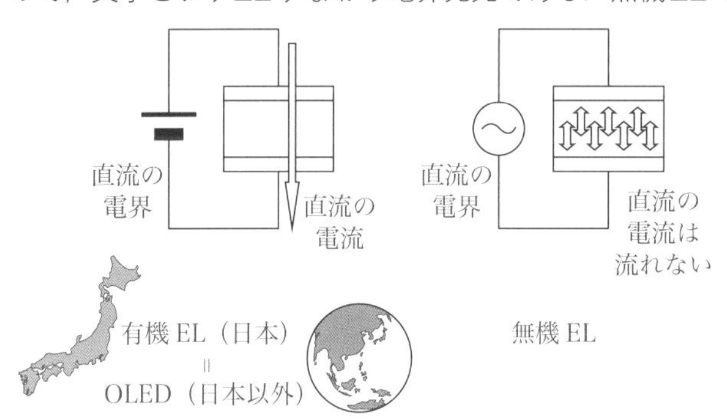

その構造の内部の正や負の電荷が，外部の電界によって振動させられて発光を得るため，素子の全体としての直流の電流は流れない．

有機ELは究極のディスプレイとしてまた新たな照明として期待されている．スマートフォンのメインディスプレイに多く使われ，家庭用テレビも発売され，車載ディスプレイや面型照明などもある．研究や開発はたいへんスピーディであったが，いっぽうで製品化は徐々にすすんできたため，有機EL元年とよばれる年はいくつもある．そして，今日の有機ELの広がりは確かなものであり，ひとつの産業市場を造ってゆくことは間違いない．

こういった状況のなかで，入門書から専門書までたくさんの本が出版されている．しかしながら，入門書は，ごく簡単な内容から始まり徐々に難しい内容となるが，難しい内容はうわべの説明だけにならざるをえず，必要とされる基礎知識の話がないので，きちんとわかるところまでいかないものが多い．いっぽう，専門書は，何人かの共著者が分担して書いたものも多く，高度な内容が含まれてはいるものの，言葉や説明の統一がなく，わかりづらいところがあるものもある．また，学術論文や学会発表の論文をまとめなおしたものも多く，そもそもその道の専門家でなければわからないほどの，難しい知識を必要とするものもある．

そこで本書では，有機ELに関することをひととおり網羅しながら，ごく簡単な内容からはじめ，必要に応じて基礎知識を説明しながら，ひとつひとつ着実に進んだ内容を理解してゆくように工夫している．それでいて，読み進めていただくと最後には，最先端のたいへん高度なことまで，わかるように書かせていただいたつもりである．学問的に完全な理解は難しいが，概念的なことを理解し，議論に参加できるようにはなると思う．

実は筆者は有機ELディスプレイの考案者のひとりである．先駆者の常で参考にできる先行技術は何もなかったので，あらゆる素子構造や動作原理や製造プロセスや駆動方式などを検討し，現在の方法に落ち着いた．この経験をそのままたどってゆけば，なぜ有機ELが今のカタチに落ち着いたか論理的に説明することができる．だれもが理解できるように丁寧に書いたため，これまでの本では省略しているようなところも，かなりのページ数を割かせていただいた．ぜひがんばって読んでいただくと，これまで疑問に感じていたことも，スッキリ！がってん！とわかっていただけるだろうと思っている．

本書を読んでいただきたいのは，まずは，理科を面白そうと思っている高校生や，これから自然科学やその応用の学問に挑もうとしているもしくは興味を持っている方々である．そこで，高校で習う程度の理科の知識があれば，読み進められるように配慮した．また，いまや有機ELに関する知識を身につけることは，エレクトロニクス関連や情報・通信関連（ICT）のエンジニアの必須条件だと言っても過言ではないと思う．有機ELの研究者や開発者のみならず，有機ELを搭載したスマートフォンやテレビなどのセットメーカーのみなさま，材料メーカー，装置メーカー，それらに関連した企業のエンジニアのすべてにとって，有機ELの知識は有用であろう．経営者はもちろん，ひょっとすると投資家のかたにも意味があるかもしれない．いっぽうで，有機ELの理解には，物理から化学にわたる知識が必要である．物理系のかたは，有機で亀の甲がでてきたらもうダメ，化学系のかたは，半導体がでてきたらもうダメ，というかたもいらっしゃるかもしれない．本書では，化学や有機の基礎，電気の基礎から説明しているので，物理や化学が苦手であっても，読み進めることができるはずである．なお，本論からすこし外れた豆知識，ちょっとおもしろいこと，少し専門的なことなどを，コラムにまとめているので，こちらも楽しんでいただきたい．

本書が読者のみなさまの有機ELについての知識獲得のためにお役に立てば，これほどうれしいことはない．また，本書の内容が読者のみなさまのお役にたつのであれば，それは，これまで有機ELの研究者のみなさまが多岐にわたる研究開発をされるとともに，その成果を論文・学会・書物のかたちで発信されてきたおかげであり，逆に本書の内容に不足や間違いがあれば，それはすべて小職の能力のなさに起因するものであり，ぜひ叱咤いただければありがたい限りである．もし本書が好評で重版出来となった際には修正するので，それもご購入いただければ…．

本書の執筆に関しては，原稿の内容について目をとおしていただいた，コニカミノルタの辻村隆俊氏，富山大学の岡田裕之教授，九州大学の服部励治教授，シンテックの宮下道行氏と北村道夫氏，NLTテクノロジーの松枝洋二郎氏，日本触媒の森井克行氏，華為技術日本の奥野武志氏と鬼島靖典氏，一部の図面の使用について，高知工科大学の古田守教授，奈良先端科学技術大学院大学の加藤博一教授，龍谷大学の松田時宜氏と林久志氏に感謝する．

2017年3月　著者記す

目　次

3 有機ELの応用

1 有機ELって なあに

1.1　有機EL登場 !!

有機ELとは，有機物の薄い膜に電気を流すことで光を発する素子のことである．光を発するものはほかにもいろいろあって，「テレビ」や「あかり」として使われてきた．いま，「テレビ」や「あかり」の最新の技術として，有機EL登場である．

(i)　テレビとして

テレビは，これまでずっと，そしてこれからも，最も重要な電気製品のひとつである．昔から家でいちばん広い部屋には大きなテレビがあり，今やスマホやタブレットで画像をみることもフツウで，パソコンやカーナビなどでも画像が表示される．なお，テレビというのは放送を受信して画像を表示するものであり，より一般に画像を表示するものは，ディスプレイとよばれる．

初期のテレビは，ブラウン管あるいは陰極線管（Cathode Ray Tube，CRT）とよばれるものであった．奥行きがあってかさばるし，分厚いガラスを使っていてとても重く，画面は出っ張っていた（サザエさんの家のテレビはいまだにブラウン管である）．壁掛テレビにはならないし，言うまでもなくスマホやノートパソコンに搭載するのは不可能である．次に，プラズマディスプレイや液晶ディスプレイが現れた．ともに薄型で平面で大画面のディスプレイである．プラズマディスプレイは一時期はテレビとしてかなり普及した．いっぽう，液晶ディスプレイのおかげもあって，携帯電話やノートパソコンが実現した．ブラウン管テレビ搭載の携帯電話やノートパソコンなど，想像することもできない．こういった，その技術ではじめて実現できる製品のことを，キラーアプリという．まさに，携帯電話やノートパソコンは，液晶ディスプレイのキラーアプリである．さらに今では，液晶ディスプレイは，リビングルームのテレビのほとんどに使われるようになった．そして，真打ち登場，有機ELである．極薄で軽量で曲げることもでき，画像も超キレイで，動画もクッキリしている．テレビとして発売され，スマホにも搭載されている．また，テレビ局で使われる映像チェック用のテレビとして，最高の画質が求められるマスターモニターとして使われていることは，有機ELが優れていることを示すものであろう．まだまだ課題はあるものの，究極のディスプレイ，すなわち，私たちが求めるすべての特長を備えたディスプレイとして，今後の可能性が期待されている．これまでのディスプレイのワクを飛び出した，まったく新しいモノができることもあるかもしれない．

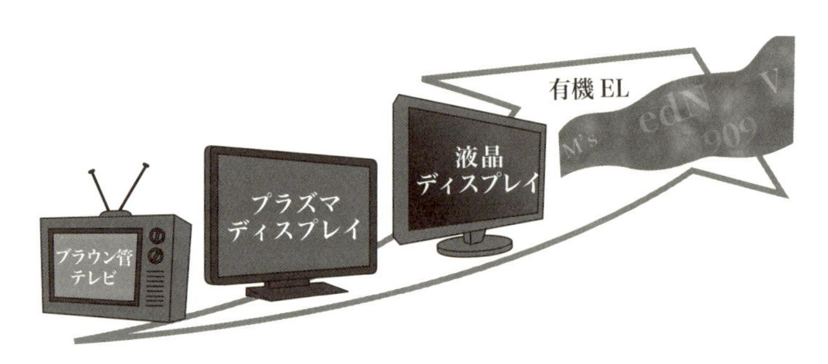

図1・1　テレビの移り変わり

(ii)　あかりとして

原始の時代は，あかりは炎であった．歴史の教科書に出てくるような時代になると，それはロウソクとなった．石油ランプや特にヨーロッパなどではガス灯というものもあった．ここまでは，化学反応を利用したあかりである．そして，みなさんご存じのとおり，発明王のエジソンが，京都の竹を使って，電球を発明した．いよいよ電気のあかりである．そのあと，蛍光灯のおかげで，あかりはたいへん明るくなり，使う電気も節約できるようになった．さらに，赤崎先生・天野先生・中村先生がノーベル賞を受賞したことでも注目されている，発光ダイオード（Light-Emitting Diode, LED）が出てきた．ところで，読者のみなさんはお気づきだろうか．ここまでの照明は，すべて点光源である．光を発しているのは，ほぼ点である．（炎はある程度の広がりがあるし，蛍光灯は線光源であり，発光ダイオードは並べたりもするが…）そこで，有機ELの登場である．究極の薄型・軽量，曲げることができる，熱くならない，などの利点もあるが，なんといっても，これまでの照明と異なるのは，面光源であることである．広い角度から光がやってくるため，特有のあかりとなる．ディスプレイと同様に，これまでの照明とはちがった近未来的な照明が出てくるであろう．

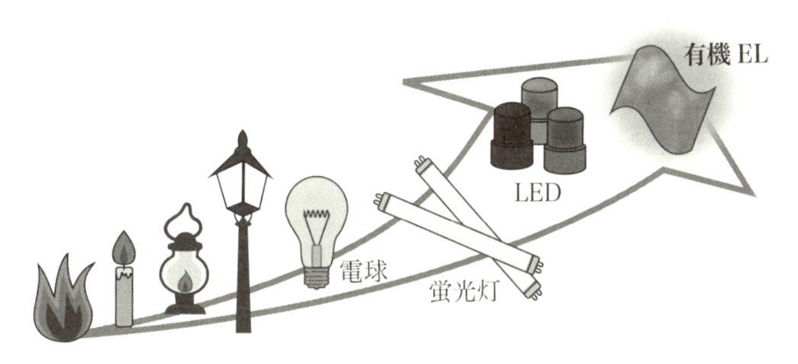

図1・2　あかりの移り変わり

コラム　気体 → 液体 → 固体

ブラウン管のなかでは電子が飛んでいて一種の気体，プラズマディスプレイのなかにも気体（プラズマは第4の状態ともよばれるが），液晶ディスプレイの液晶は液体の一種，有機ELは固体である．電球や蛍光灯のなかは気体，LEDは固体である．このほか，エレクトロニクスのほうでも，真空管のなかは気体，トランジスタは固体である．どうやら，技術が新しくなるにつれて，気体→液体→固体 と移り変わってゆくようである．気体は閉じ込めておく必要があるし，液体は漏れればべちゃべちゃで，固体のほうが取り扱いやすいからである．

1.2　発光のしくみ

(i)　有機物のサンドイッチ

有機ELの構造は，簡単に説明するだけでよければ，とてもシンプルなものである．まず，有機ELで使われる有機物の薄膜は，ほとんどの場合，複数の異なる種類の薄膜を積層したものとなっている．有機物は，もちろん何でもよいわけではなくて，有機ELのために開発された特別なものを用いる．分子の大きさ（分子量）が比較的に小さい低分子型と，分子量の大きい高分子型に分類でき，それぞれさまざまなもの

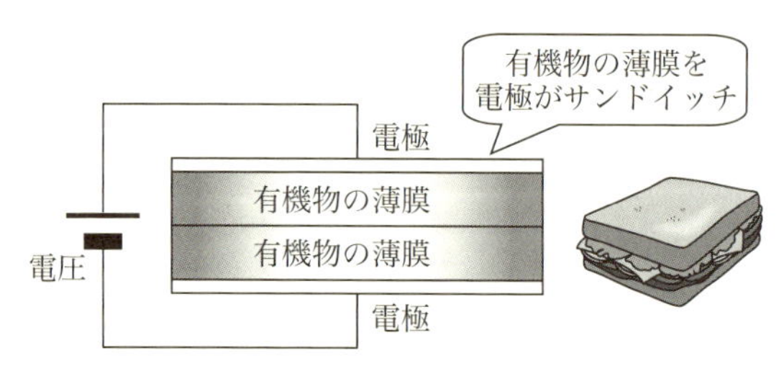

図1・3　有機ELの構造

がある．その有機物の薄膜を，上下から電極がサンドイッチしている．

(ii) 電子とホールが出会って発光

発光のしくみも，やはり簡単に説明するだけでよければ，とてもシンプルなものである．図1・4に示すように，上下の電極に電圧をかけると，プラスの電圧をかけた電極からは，電子の抜け殻であるホールが供給され，いっぽう，マイナスの電圧をかけた電極からは，電子が供給される．有機物の薄膜のなかで，主に薄膜と薄膜が接しているところ（界面）で，電子とホールは出会って，ひとつの分子のなかに，電子とホールがいっしょにいる状態となる．この状態を励起状態という．運が悪ければ，電子とホールは出会わないが，そのような電子とホールは，しばらくのあいだ新たな出会いを待つこととなる．

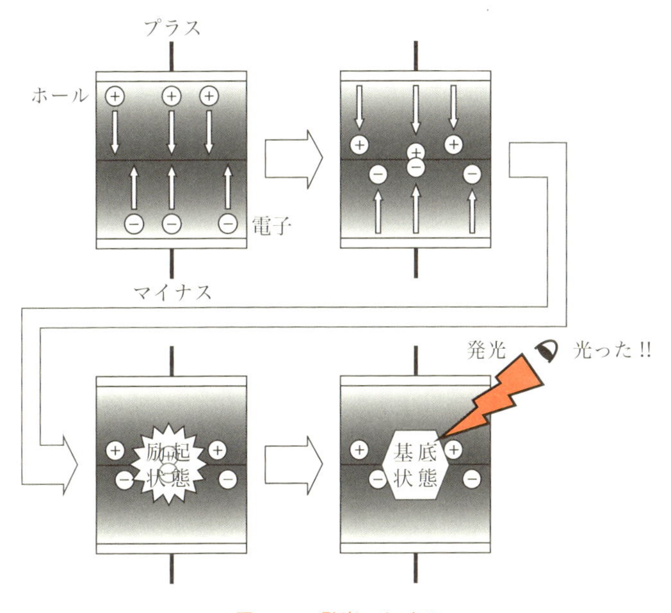

図1・4 発光のしくみ

やがて，励起状態の電子がホールのなかに入り込んで，両方は消滅する．この状態を，基底状態という．そして，励起状態から基底状態になったために余ったエネルギが，光として放出される．その光のエネルギ，すなわち色は，励起状態と基底状態のエネルギの差に対応する．励起状態と基底状態は，そのエネルギも含めて，有機物の分子の種類により完全に決まる．よって，有機物の分子の種類によって，発光の色が決まることになる．光は，有機物の薄膜や電極を通して外に取り出され，わたしたちが見ることとなる．

1.3　どのように使うか

(i)　ディスプレイにする

平べったい基板のうえに，画素とよばれる多数の小さな有機ELを行列状に並べて，ひとつひとつの有機ELが光ったり光らなかったりするのをコントロールすれば，そのパターンで文字や画像が表示できるようになり，ディスプレイになる．基板は，ガラスやプラスティックなどである．通常は，まず基板のうえに，ひとつひとつの有機ELをコントロールする駆動回路として，後述の薄膜トランジスタを作製する．そのうえに有機ELを作製する．さらにそのうえに，有機ELを酸素や湿気から守るための，封止構造を作製する．赤・緑・青（R・G・B）などの発光の有機ELを並べると，カラーになる．

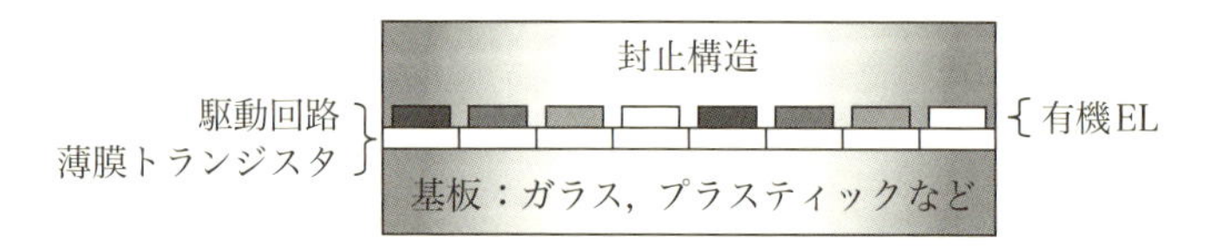

図1・5　有機ELディスプレイの構造

有機ELディスプレイの特長は，下記のとおりである．

- 有機物の分子の種類をうまく選ぶことができれば，たいへん明るく（輝度が高く）色がきれいな（色純度が高い）画像が得られる
- 光らせなければ完全に真っ暗なので，明暗の比（コントラスト）が高い．
- 電子とホールという電子回路としての動作であり，きわめて高速であり，動画もクッキリしている
- 1枚の基板とそのうえの薄膜トランジスタと有機ELのみで構成されるので，きわめて薄型で軽量となる
- プラスティック基板を使い，封止構造を工夫すれば，曲げられる（フレキシブル）ディスプレイができる
- 簡単な構造と発光のメカニズムであり，ムダがないため効率がよく，低電力化の可能性がある
- 部品の点数が少なく，将来的には，安く作れる可能性がある（作りはじめは高価）

有機ELディスプレイを搭載した製品としては，これまで，デジタルカメラ，携帯電話，スマートフォン，小型テレビ，家庭用テレビなどが発売されてきた．このうち，デジタルカメラや携帯電話やスマートフォンなどでは，有機ELディスプレイの「きわめて薄型で軽量」という特長を生かし，製品の小型化や軽量化に役立っている．また，スマートフォンや家庭用テレビなどでは，「フレキシブルディスプレイ」という特長を生かし，スマートフォンでは側面が曲がったもの，家庭用テレビでは視聴者がわに凹面となったものなどがある．「きれいな色」「動画もクッキリ」「低消費電力」は，すべての製品に有利な特長である．

（イーストマン・コダック社製）
(a)　デジタルカメラ

ソニーが発売した有機ELテレビ（生産完了）
（ソニー株式会社画像提供）
(b)　有機ELテレビ

光沢に包まれたスタイリッシュボディ
（ファーウェイ製・ソフトバンク株式会社画像提供）

側面が曲がっている
（サムスン電子製）

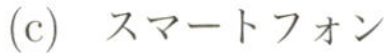

(c)　スマートフォン

LGが発売した視聴者がわに曲面の形状
（LGエレクトロニクス製）
(d)　家庭用テレビ

図1・6　有機ELディスプレイを搭載した製品

(ii) デンキにする

広い面に有機ELを作製して光らせると，面状の照明となる．有機ELの構造や発光のしくみは前ページまでに説明したものと同じである．有機ELディスプレイの構造と比べると，有機EL照明の構造は，基板のうえに有機ELと封止構造だけを作製するので，単純である．しかしながら，ディスプレイと比べて，照明は，たいへん明るくなければならないので，有機ELの材料や構造や封止構造などに，高い技術が必要とされる．また，ディスプレイでは，赤と緑と青の3原色のみ発光すればよいが，照明の場合は，照らされる物体の色はさまざまであるので，照明にもすべての色が含まれてなければならない．この点でも違った技術展開が必要とされる．

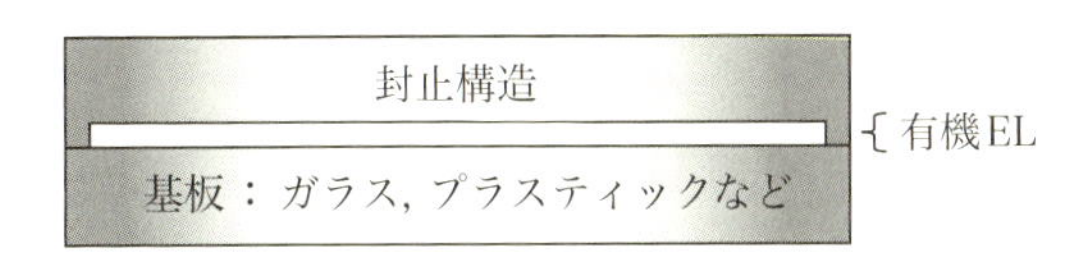

図1・7 有機EL照明の構造

有機EL照明の特長は，下記のとおりである．

- 基板の全体が発光する面光源である
- 1枚の基板とそのうえの有機ELのみで構成されるので，きわめて薄型で軽量となる
- プラスティック基板を使えば，フレキシブル照明ができる
- 白熱電球や蛍光灯に比べれば低電力（無機の発光ダイオードにはなかなか及ばない）
- 発熱が少ない（面光源で放熱がよいのも理由のひとつ）

コニカミノルタのフレキシブル照明　チューリップの形にも簡単にできる

図1・8　有機ELの照明

(コニカミノルタ株式会社画像提供)

特に日本は，夜が明るい（夜間飛行で窓側に座ると日本と海外の違いは一目瞭然である，また，旅館とホテルを比べてもわかる）．防犯の理由もあるだろうし，民族としての目のつくりもあると思う．明るいだけでなく，白っぽい照明が多い．海外の照明は赤みがかったものが多い．実は，赤の光より青とかそれを含んだ白の光のほうが必要とされる電力が多い．こういった，明るさと色の点から，日本では，全電力使用量に対する照明のためのものの割合が大きい．そのため，低電力は照明への応用では特に重要である．また，電球や蛍光灯のような点光源と違って，有機ELのような面光源では，さまざまな方向から光がやってくるため，影となる部分が少ないとか，やさしい光として感じるとか，特有のあかりとなる．薄型や軽量といった特長は，照明の設置場所についての制限をおおきく緩和する．また，フレキシブルといった特長は，インテリアとしてデザイン性に凝った照明のために役に立つ．

明るくて白っぽい
(a)　日本

少し暗めで赤みがかる
(b)　海外

図1・9　日本と海外の照明

図1・10　宇宙から見た夜の地球

1.4 有機ELの歴史

表1・1 有機ELの研究開発の歴史

年	研究者・企業	内容
1959年～1965年	M. Pope, H. P. Kallmann, W. Helfrich, W. G. Schneider	アントラセン単結晶による最初の有機EL現象の研究
1987年	C. W. Tang	Alq_3による高輝度で低電圧の有機EL現象の研究
1990年	ケンブリッジ大学キャベンディッシュ研究所	PPVによる最初の高分子の有機EL現象の研究
1992年	出光興産	青色有機ELの開発
1997年	パイオニア	緑色有機ELディスプレイの製品化
1997年	出光興産	色変換型カラー有機ELディスプレイの開発
1998年	パイオニア	RGBカラー有機ELディスプレイの開発
1998年	ケンブリッジディスプレイテクノロジ&セイコーエプソン	高分子型＋アクティブ型有機ELディスプレイの開発
2000年	A. J. Heeger & A. G. MacDiarmid & 白川英樹	ノーベル化学賞 導電性高分子
2000年	ケンブリッジディスプレイテクノロジ&セイコーエプソン	高分子型インクジェットパターニング カラー有機ELディスプレイの開発
2002年	セイコーエプソン	転写型フレキシブル有機ELディスプレイの開発
2003年	SKディスプレイ	アクティブ型有機ELディスプレイの製品化
2007年	ソニー	小型テレビの発売
2010年	ソニー	有機半導体トランジスタ＋有機ELフレキシブルディスプレイの開発

2010年	サムスン電子	有機ELディスプレイをメインディスプレイとして搭載したスマートフォンの発売
2011年	コニカミノルタ	有機EL照明パネルを発売
2013年	LGエレクトロニクス	家庭用テレビの発売
2014年	赤崎勇 ＆ 天野浩 ＆ 中村修二	ノーベル物理学賞 青色LED
201X年	Apple	iPhoneへの搭載

(i)　有機ELの発見

最初の有機EL現象は，1959年～1965年に，図1・11に示すアントラセン単結晶で得られた[1],[2]．（現象の発見と，その発生原理の解析が徐々に行われたので，年数と発見者が複数になっている）そのあと，多くの学問的な研究がなされた．

現在の有機ELの発展につながる画期的な研究は，1987年にイーストマンコダックで行われた，トリス（8-キノリノラト）アルミニウムというアルミニウム錯体（Alq_3）を用いた，それまでに比べてきわめて輝度が高く，かける電圧も低くてよい発光に関するものである[3]．この研究により，C. W. Tang氏は，有機ELの祖として，だれもが認めるものとなっている．Alq_3は，有機物の分類では，分子の大きさである分子量が比較的に小さい低分子型にあたる．

分子量が大きい高分子型の有機ELは，1990年に，ケンブリッジ大

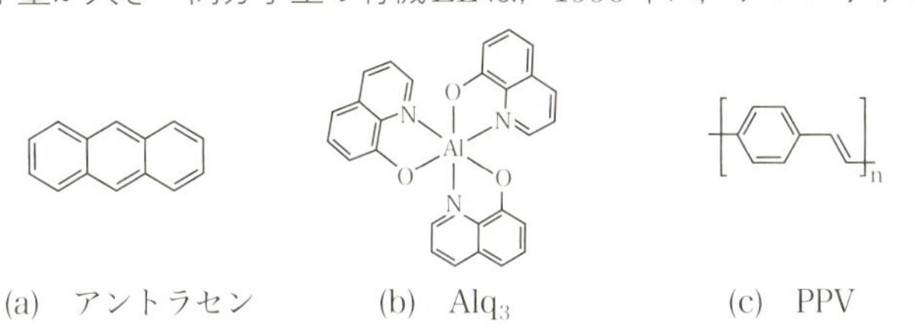

図1・11　有機ELの歴史的に有名な材料

学のキャベンディッシュ研究所で，ポリフェニレンビニレン（PPV）で得られた[4]．図ではそれほど大きそうな分子には見えないが，実は右下のnというのはn回繰り返しという意味で，この構造が数千とか数万とか繰り返される．高分子型では，さまざまな機能をひとつの分子のなかに組み込めることもあって，比較的に少ない積層で動作させることができ，また溶液を塗ったり印刷したりすることで作製できるものも多い．このため，特徴的な有機ELが得られる可能性がある．

(ii)　有機ELディスプレイの怒涛の開発

低分子型と高分子型で，実用に耐える輝度が低い電圧で得られるようになり，さらに赤・緑・青（R・G・B）の有機EL材料も揃ってきたため，図1・12に示すように，ここから有機ELディスプレイの怒涛の開発がすすんでゆく．1997年には，パイオニアが，低分子型の有機ELを用いた，緑色のモノクロのディスプレイを，車載用のオーディオ機器のフロントパネルとして製品化した[5]．駆動回路に薄膜トランジスタは使っておらず，電極だけのいわゆる後述のパッシブ駆動である．また，出光興産は，やはり後で説明する色変換型という方法でカラーの画像を得る有機ELディスプレイを開発した[6]．1998年には，パイオニアが，さらに，RGBの有機ELを並べたカラーの有機ELディスプレイを開発した．いっぽう，高分子型では，ケンブリッジディスプレイテクノロジとセイコーエプソンが，共同研究で，高分子型でかつ駆動回路に薄膜トランジスタを使ったアクティブ型の有機ELディスプレイを開発した[7]．2000年には，A. J. Heeger氏とA. G. Mac Diarmid氏と白川英樹博士が，「導電性高分子の発見と発展」の業績が認められ，ノーベル化学賞を受賞された．高分子型の有機ELはまさに導電性高分子であり，有機ELの研究開発がさかんになされていたことも，ノーベル賞の受賞に追い風となったのではなかろうか．同じ年には，ケンブリッジディスプレイテクノロジとセイコーエプソンが，共同研究で，高分子型の有機EL材料をインク化し，年賀状印刷にも使われるインクジェットパターニング技術を用いて，カラー有機

パイオニアが製品化
(a)　車載用のオーディオ機器の緑色有機ELディスプレイ
(パイオニア株式会社画像提供)

出光興産が開発
(b)　色変換型カラー有機ELディスプレイ
(出光興産株式会社画像提供)

パイオニアが開発
(c)　RGBカラー有機ELディスプレイ
(パイオニア株式会社画像提供)

ケンブリッジディスプレイテクノロジとセイコーエプソンが開発
(d)　高分子型＋アクティブ型有機ELディスプレイ

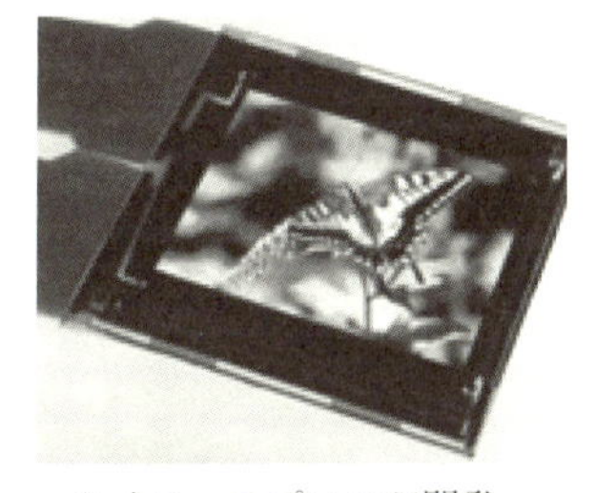

セイコーエプソンが開発
(e)　高分子型インクジェットパターニングカラー有機ELディスプレイ

図1・12　有機ELの試作品や製品（～2002年）

ELディスプレイを開発した[8]．実は筆者はこの開発に携わっていたが，興味を持たれた白川英樹博士が見学に来られたときに，「ノーベル賞をもらったおかげでいろいろな見学を申し込んでも断られなくなりました」とおっしゃっていた．2002年には，セイコーエプソンが，さらに，同じ有機ELディスプレイを，フレキシブルなプラスティックのうえに作製した[9]．ガラス基板のうえに作製したあとで，それをはがしてプラスティック基板のうえに転写する技術である．

(iii) 製品化や発売

このあとは，図1・13に示すように，有機ELディスプレイの製品化や発売がつづく．2003年には，三洋電機とイーストマン・コダックの合弁会社のSKディスプレイが，アクティブ型有機ELディスプレイを製品化した．これは実際にデジタルカメラに搭載された．2007年には，ソニーが，小型テレビを発売した．2010年には，ソニーは，有機半導体を駆動回路のトランジスタに用いた，フレキシブルな有機ELディスプレイも開発している．同じく2010年には，サムスン電子が，有機ELディスプレイをメインディスプレイとして搭載したスマートフォン，Galaxy Sを発売した．2011年には，コニカミノルタが，有機EL照明パネルを発売した．2013年には，LGエレクトロニクスが，55型の家庭用テレビを発売した．こうしたなか，2014年には，赤崎勇博士・天野浩博士・中村修二博士が，「高輝度で省電力の白色光源を可能にした青色発光ダイオードの発明」の業績が認められ，ノーベル物理学賞を受賞された．こちらは無機の発光ダイオードであるが，関係は深い．また，AppleがiPhoneへ搭載することを検討しているようで，そうなれば，だれもがポケットに有機ELディスプレイを持つこととなる．

(a)　アクティブ型有機ELディスプレイ
(パナソニック株式会社画像提供)

(b)　有機ELテレビ（生産完了）
(ソニー製)

(c)　有機半導体トランジスタ＋有機EL
フレキシブルディスプレイ（開発発表）
(ソニー製)

(d)　有機ELディスプレイをメインディスプレイとして搭載したスマートフォン
(サムスン電子製)

(e)　有機EL照明パネル
(コニカミノルタ株式会社画像提供)

(f)　家庭用テレビ
(LGエレクトロニクス製)

図1・13　有機ELの試作品や製品（2003年〜）

コラム　基礎研究と応用研究と製品販売

さて，ここまで，有機ELの研究開発の歴史をたどってきたが，気がつくのは，最初の発見や基礎研究は，主に欧米で行われ，そのあとの応用研究は，主に日本で行われ，実際の製品の発売は，主に日本以外のアジア（ここでは韓国）で行われている事実である．実は，半導体も液晶テレビも太陽電池も，そうであった．最初の発見や基礎研究は，世界から尊敬され，実際の製品の販売は，現実的に儲かる．応用研究はちょっと見返りが少ない．突拍子もないアイデアを思いつくことは少ないが，あまり儲からなくても仕事はちゃんとやる，という性格の日本人では，やむをえないのだろうか．

2 有機ELの基礎

有機ELとは，有機物の薄膜に電流を流すことで発光する発光ダイオードのことである[10]-[13]．有機ELは，有機物材料，薄膜製造技術，発光原理，光学構造，駆動回路，封止構造，それらを統合したすべての関連する設計技術など，たいへん広い分野の研究開発の集大成である．

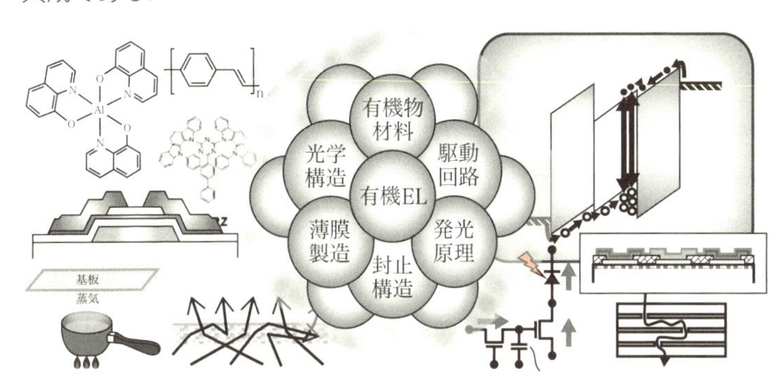

図2・1　有機ELの研究開発

1編では，簡単に，有機ELについて紹介した．2編では，より詳しく，さまざまな側面から，有機ELについて説明してゆく．有機ELを理解するための基礎知識から，有機ELに固有のことがらまで，完全に有機ELを理解しよう．まずは，基礎知識として，有機ELの材料としての有機物，有機ELの作製方法としての薄膜技術，有機ELの発光のしくみとしての発光ダイオードの説明からはじめよう．

2.1　有機ELの材料

(i)　有機物とは

有機物とは，ご存じのとおり，炭素（元素記号C）を含んだ化合物のことである．炭素は，周期表では4番目の列にあるので，IV族の元素のひとつである．これは，原子の最も外側の電子（最外殻電子）が4個あることを意味している．

原子は，最外殻電子をほかの原子に与えるか，ほかの原子からその最外殻電子をもらうかのどちらかで，化学結合をつくる．最外殻電子をほかの原子に与えるときは，すべての最外殻原子をほかの原子に与えると，安定になる．いっぽう，ほかの原子からその最外殻電子をもらうときは，もらった結果で最外殻原子が8個になると安定になる．（なぜそうなのかを理解するには，物理でもっともむずかしいもののひとつである量子力学を勉強しないといけないので，とりあえずそういうものだと考えてほしい）

炭素の場合は，最外殻電子が4個であるので，最外殻電子をほかの原子に与えるとしても，ほかの原子からその最外殻電子をもらうとしてもどちらでも同じで（実は両方が同時に起きている），4個の隣り合う原子（隣接原子）と結合することができることとなる．炭素が4個の隣接原子と結合した分子のうち，最も簡単な例が，メタン（CH_4）である．いっぽう，III族の元素たとえばホウ素（元素記号B）は，最外殻電子が3個あるので，3個の隣接原子と結合する．例はボラン（BH_3）である．さらに，V族の元素たとえば窒素（元素記号N）は，最外殻電子が5個あるが，最外殻電子を8個にして安定になろうとする性質が働き，ほかから3個の電子をもらって化学結合を形成するので，3個の隣接原子と結合する．例はアンモニア（NH_3）である．

I	II	III	IV	V	VI	VII	VIII
H 水素							He ヘリウム
Li リチウム	Be ベリリウム	B ホウ素	C 炭素	N 窒素	O 酸素	F フッ素	Ne ネオン
Na ナトリウム	Mg マグネシウム	Al アルミニウム	Si シリコン	P リン	S 硫黄	Cl 塩素	Ar アルゴン

図2・2　元素の周期表

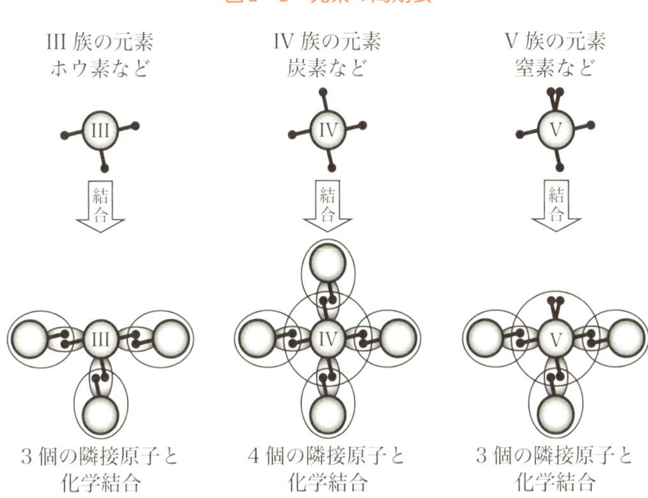

図2・3　Ⅲ族とⅣ族とⅤ族の化学結合

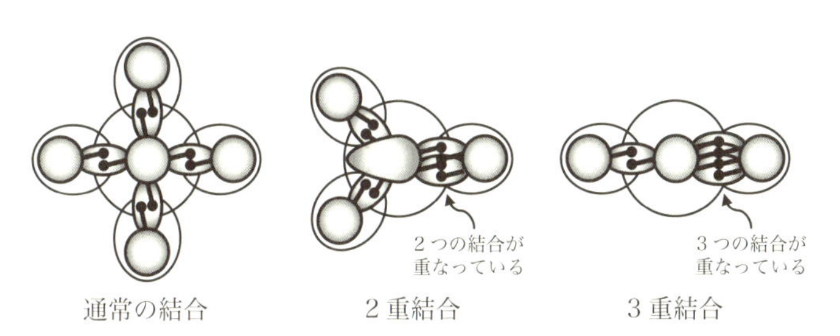

図2・4　2重結合と3重結合

なお，場合によっては，隣接原子と2つの結合をもつ2重結合や，3つの結合をもつ3重結合などもある．これらの多重結合により，分子はさらに複雑になることができる．

結局，IV 族の元素が最もたくさんの4個という隣接原子と結合する．（原子番号が大きくなる，すなわちより大きな原子ではもっとたくさんの隣接原子と結合するものもあるが，原子番号が小さくて地球に多く存在する元素のうちでは，IV 族の元素が最もたくさん結合する）このため，炭素を含んだ有機物の化合物の種類は，きわめて多く，ほとんど無限であり，さまざまな機能をもつことができる．そこで，うまく分子を設計すれば，EL 現象を現わすものが得られるわけである．さらにマイナーチェンジを加えて，発光の輝度や効率を向上させたり，消費電力を低減させたりする余地も多い．これが，有機物で EL 現象を得て，それをディスプレイや照明に応用しようという理由である．

コラム　シリコン化合物でできた生物は存在するか

炭素を含んだ有機物には，さまざまな機能をもつ分子があるため，複雑な生物のカラダを組み立てる材料となりうる．ちなみに，同じⅣ族のシリコンも4個の隣接原子と結合するためそれなりに複雑な分子をつくることができるが，シリコン化合物は生物の材料にはなりえない．なぜなら，有機物を分解したあとにできる CO_2 は気体であるため呼気から排出できるが，シリコン化合物を分解したあとにできるであろう SiO_2 は固体それもガラスであるためである．シリコン化合物で組み立てられた生物がいたなら，その呼気にはガラスの粉が含まれるため，息を吐くたびに血だらけとなってしまう．

(ii) 有機 EL の分子構造

ここまでの予備知識を持ったうえで，有機 EL の分子をみてみよう．最初の有機 EL 現象が発見されたアントラセンは，図2・5に示すように14個の炭素と10個の水素が結合した分子構造すなわち$C_{14}H_{10}$をもつ．特徴的なのは6個の炭素によりつくられる正六角形の構造で，これをベンゼン環という．図2・5では1本線で表されている単結合と，2本線の2重結合が，うまく組み合わされて，それぞれの炭素は4本の結合がありながら，正六角形の構造が得られていることがわかる．いちいちⓒとかⒽとか描くのは面倒なので，化学結合の線のみ描く．Ⓗは化学結合も省略する．ⓒは本来は4本の結合があるので，足りなければⒽと結合していることが省略されているわけである．また，2重結合の線をどこに描くかによって，2とおりの描きかたができるが，これはどちらでもよい．実は，ベンゼン環では，描き方がどちらでもよいだけではなくて，実際にこれらの2つの構造の確率的な重ね合わせの状態であることがわかっている．（これも，なぜそうなのかを理解するには，量子力学を勉強しないといけない）そこで，区別せずに，正六角形のなかに○を描く方法もある．

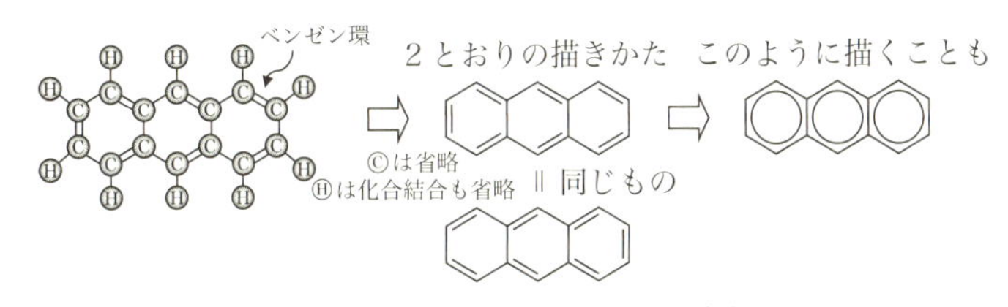

図2・5　アントラセンの分子構造

つぎに，トリス(8-キノリノラト)アルミニウム（Alq_3）は，炭素と水素だけではなく，酸素（元素記号O）や窒素（元素記号N）やさらに金属の元素であるアルミニウム（元素記号Al）を含む．これらは省略することなく，O，N，Alなどと書いてある．なお，アントラセンもAlq_3も常にこの分子構造であって，マイナーチェンジなどなく，比較的に分子の大きさが小さいので，低分子とよばれる．

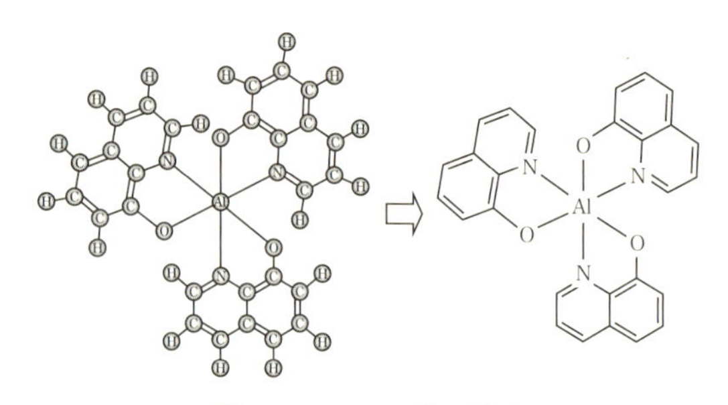

図2・6　Alq_3の分子構造

最後に，ポリフェニレンビニレン（PPV）は，同じ構造の繰り返しとなっていて，右下のnというのはn回繰り返しという意味である．このため，分子の大きさがきわめて大きいので，高分子とよばれる．n回というのは一定していないので，さまざまな長さの分子が存在する．

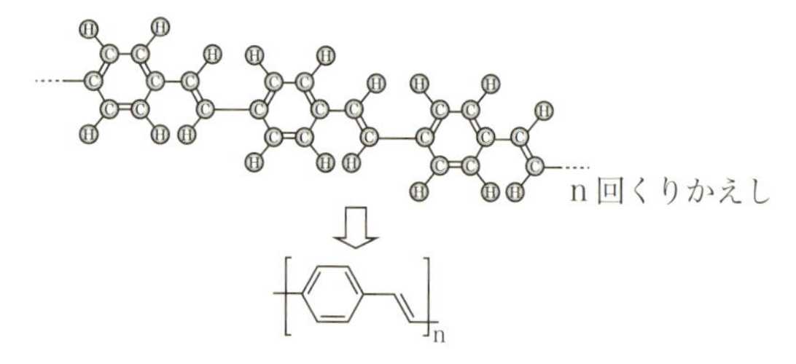

図2・7　PPVの分子構造

こういった，低分子や高分子の有機物で，発光する機能をもつものや，そのために電流を流すことのできるものが，有機ELに使われるわけである．

(iii)　機能ごとの有機材料

有機ELは，多数の薄膜を積層した構造になっている．図2・8は，考えられるすべての機能の薄膜を書いたものである．それぞれの薄膜の機能もまとめてある．ほとんどの場合，陽極は透明電極，陰極は金属，それ以外の薄膜は有機物の薄膜である．電子注入層は，しばしば，金属の酸化物やハロゲン化物が使われる．実際にはすべての機能の薄膜が使われていることはまれであって，いくつかの薄膜は省略されたり，ひとつの薄膜が複数の機能をもったりすることで，積層する薄膜の数はこれよりは少なくなっていることが多い．電子注入層や電子輸送層の場所に，正孔阻止層が作製されることもある．全体としては，いかにたくさんの電子とホールを送り込んで，それを発光層に溜めるか，というのが目的である．なお，これまでの有機ELの構造を示した図とは，図2・8は上下がさかさまになっている．実際には，基板のうえに陽極を作製し，そのうえに有機物の薄膜を積層し，最後に陰極を作製することが多いので，その構造のとおりに書いている．

それぞれの薄膜の代表的な有機材料を示すと，次のようになる[10],[11],[13]．必要とされる機能を満たすように分子が設計された有機材料である．これらを組み合わせてひとつの有機ELをつくる．組み合わせは星の数ほどあり，後述の動作をよく考えながら，最適な組み合わせを探してゆく．最近では，コンピュータシミュレーションで機能が予測できるので，効率的に分子を設計できるようになってきた．

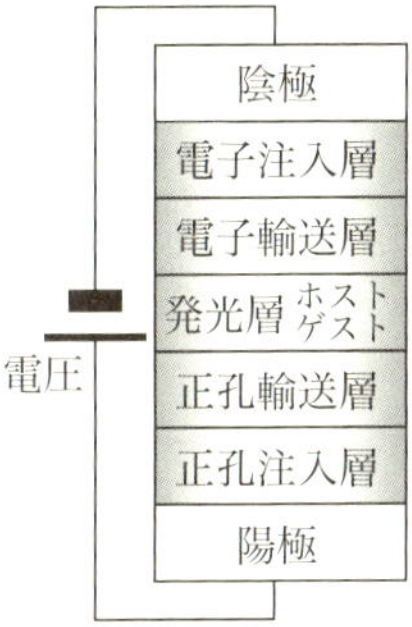

陰極
電子注入層
電子輸送層
発光層 ホスト ゲスト
正孔輸送層
正孔注入層
陽極
電圧

陰極		マイナスの電圧をかけて電子を送り出す
電子注入層		陰極から効率的に電子を取り出して電子輸送層にわたす
電子輸送層		電子を効率よく発光層まで運ぶ
発光層	ホスト	電子とホールが出会って励起状態をつくる
	ゲスト	励起状態から基底状態になって発光する
正孔輸送層		ホールを効率よく発光層まで運ぶ
正孔注入層		陽極から効率的にホールを取り出して正孔輸送層にわたす
陽極		プラスの電圧をかけてホールを送り出す

図2・8　有機ELの積層構造

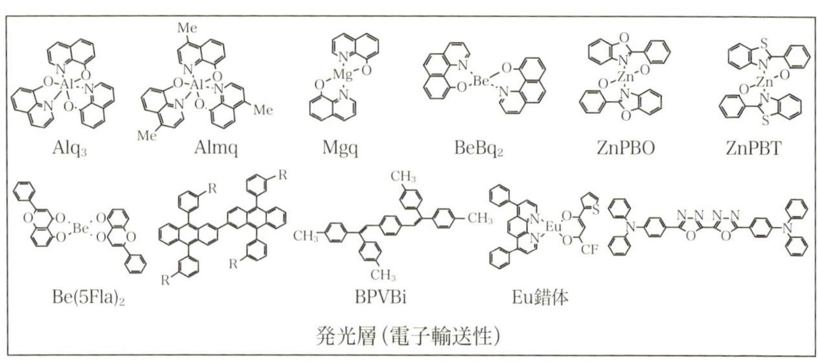

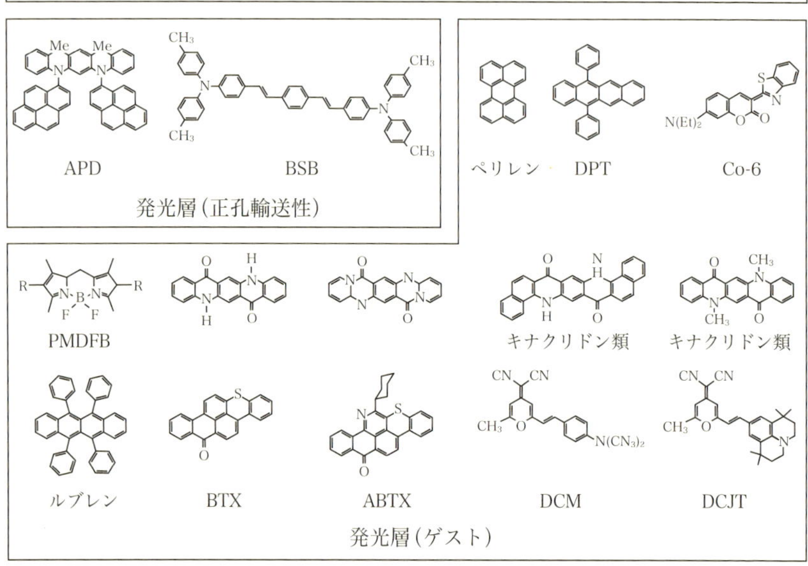

LiF　Li_2O　CaO　CsO　CsF_2　など　電子注入層

図2・9　機能ごとの

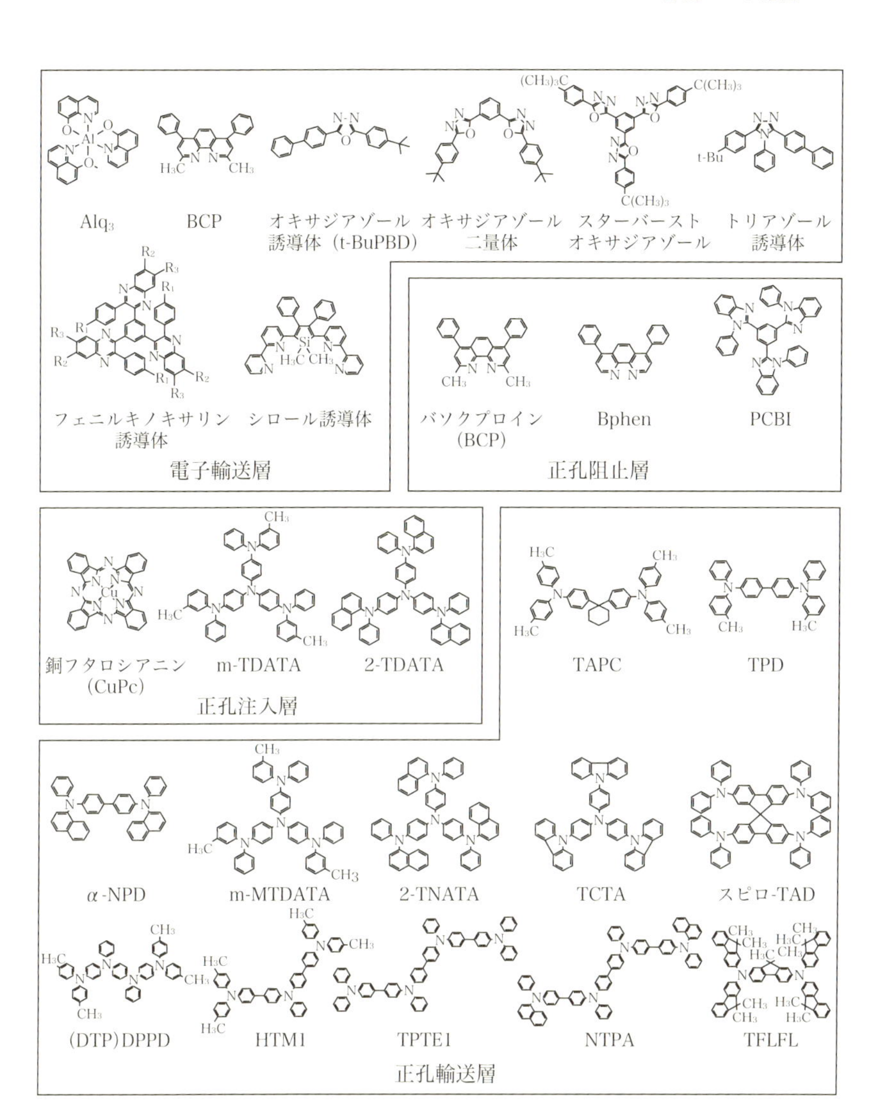
Alq3
BCP
オキサジアゾール誘導体（t-BuPBD）
オキサジアゾール二量体
スターバーストオキサジアゾール
トリアゾール誘導体
フェニルキノキサリン誘導体
シロール誘導体
電子輸送層
バソクプロイン(BCP)
Bphen
PCBI
正孔阻止層
銅フタロシアニン(CuPc)
m-TDATA
2-TDATA
正孔注入層
TAPC
TPD
α-NPD
m-MTDATA
2-TNATA
TCTA
スピロ-TAD
(DTP)DPPD
HTM1
TPTE1
NTPA
TFLFL
正孔輸送層

有機材料（低分子）

OR　R　O－R　O－R　OR₁　OR₁

n　MeO　n　n　y　R－O　z　R₂O　NC　R₂O　n

PPV　MEH-PPV　OC_1C_{10}-PPV　CN-PPV

発光層（ポリフェニレンビニレン誘導体）

R　R　Oct　Oct　Oct　Oct　Oct　Oct　S　S

n　n　n　N　S　N　n

Oct　Oct　N　N　n　Oct　Oct　n　m　N　S　N

Hex　Hex　CH=CH　n　m　Oct　Oct　n　m

発光層（ポリフルオレン誘導体）

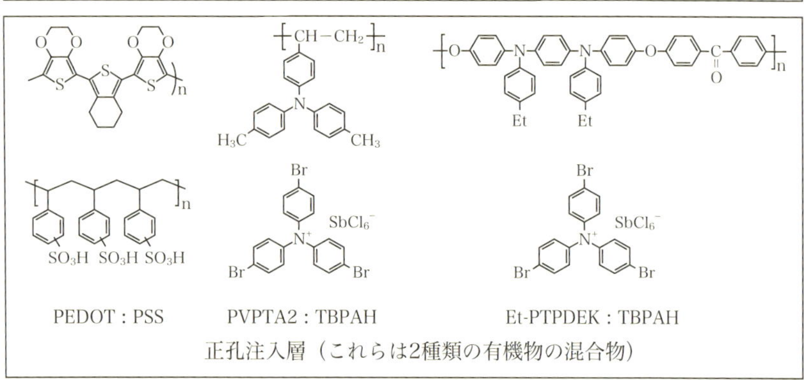

図2・10　機能ごとの有機材料（高分子）

2.2　薄膜技術で作製

薄膜（はくまく）とは，文字どおり薄い膜のことである[14],[15]．薄膜の反対語は，厚膜（あつまく）である．ただし，どれくらいの厚さを境に，薄膜と厚膜が分類されるかは，はっきりしない．おおよそでいえば，1原子層から1 μmくらいまでが薄膜である．膜をつくることを成膜という．薄膜か厚膜かは，どちらかといえば，成膜方法によって分類されている．すなわち，構造を保つためのなんらかの材料による基板のうえに，真空を用いた装置や，印刷の装置などを使って成膜する膜のことを薄膜という．ただし，印刷により数μmよりも厚く積んだ膜は厚膜というときもある．それぞれの研究の分野で慣用的に区別して使われているので，慣れるしかない．もちろん，有機ELを構成しているのは，すべて薄膜である．

薄膜は，数多くの工業製品で使われていて，特に電気製品には数えきれないほどの多くのところで薄膜が使われている．集積回路（Integrated Circuit, IC）やそれをさらに大規模化した大規模集積回路（Large Scale Integration, LSI）から，ディスプレイや太陽電池まで使われている．薄膜の成膜については，ICやLSIでは高温を利用できる．しかし，ディスプレイや太陽電池では，基板がガラスやプラスティックであり，ガラスの耐熱温度の300～400 ℃程度や，プラスティックの耐熱温度である100～200 ℃程度よりも，低温で薄膜を成膜しなければならない．有機ELも，ディスプレイや照明に使われるため，低温で成膜しなければならない．

(i)　気体で堆積してゆく方法

薄膜を成膜する方法としては，大きく分けて，材料を気体の状態（気相）で堆積してゆく方法と，液体の状態（液相）で塗ってゆく方法がある．気相堆積法は，物理気相堆積（Physical Vapor Deposition, PVD）と化学気相堆積（Chemical Vapor Deposition, CVD）に分類される．物理気相堆積とは，堆積の仮定で化学反応が起きないもの，いっぽう，化学気相堆積とは，文字どおり堆積の仮定で化学反応が起きるものである．有機ELの有機物や金属の薄膜を成膜するには，PVDのうち，蒸着やスパッタが使われる．

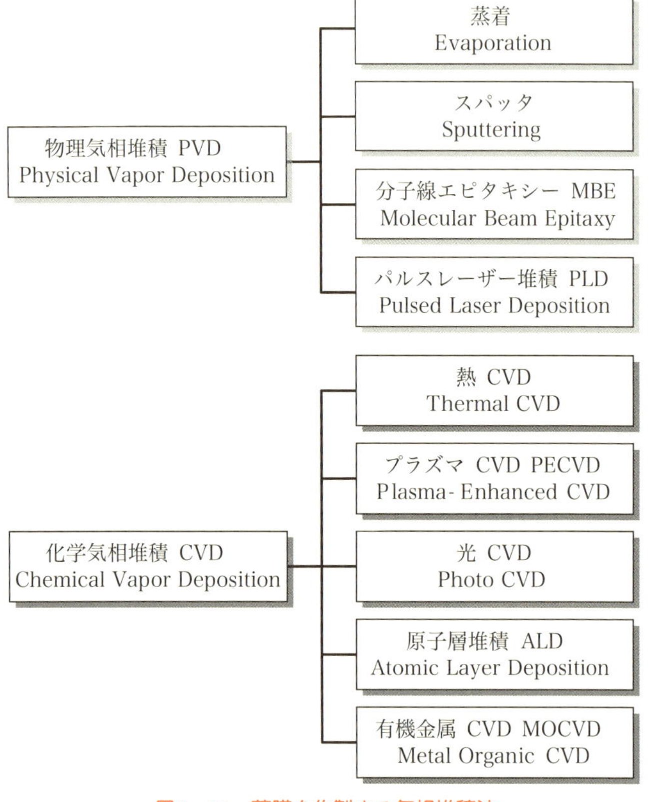

図2・11　薄膜を作製する気相堆積法

(ii)　蒸着は鍋で煮るイメージ

蒸着は，鍋で煮るイメージである．電気を流したり，高周波をかけたり，電子のビームを照射したりさまざまな方法があるが，つまりは材料を加熱し，蒸発させてとばして，基板のうえに付着させて膜をつくる．有機物は，分子と分子のあいだには化学結合がないか，ゆるい化学結合しかないので，容易に分子がバラバラになるため，蒸発する温度である沸点が，せいぜい数百度で比較的に低い．よって，蒸着のときもこの温度まで熱すればよい．まわりは真空に保たれているため，酸素と化学反応して燃えてしまうということも起こらない．

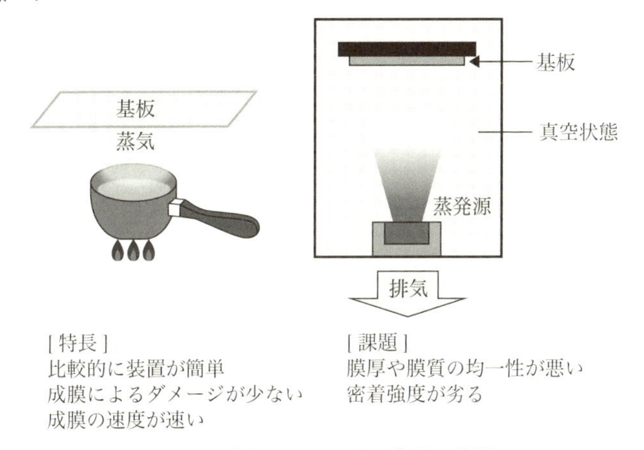

図2・12　蒸着のイメージと装置と特徴
[出典]高知工科大学　古田守教授の画像より

蒸着の特長は，比較的に装置が簡単であること，分子は蒸気としてゆらゆらとやってきてくっつくので，基板やそれまでに成膜された膜へのダメージが少ないこと，蒸気はかなり高濃度にできるので成膜の速度が速いこと，などが挙げられる．いっぽうで，課題としては，蒸発源が一点であると，基板の中心部と周辺部とで，蒸発源から基板までの距離が異なるため，近いところでは膜が厚く付き，遠いところでは膜が薄くなる，膜の質も異なる，といったことが起こる．また，分子は基板にくっつくだけなので，密着強度が劣る．

(iii) スパッタは弾丸で吹き飛ばすイメージ

スパッタは，材料に弾丸をあてて吹き飛ばすイメージである．ふたつの電極を向い合わせて，片方の電極のうえにターゲットとよばれる材料のカタマリを置き，他方の電極のうえに基板を置く．ガスを流して，電極に電圧をかけると，放電して，ガスがイオンと電子に分解される．イオンとは原子から電子をいくつか取り去ったもので，もともと電荷を帯びていない中性の原子から，マイナスの電子を取り去ったので，イオンは逆にプラスの電荷を帯びている．そのため，電極のあいだの電圧に引っ張られて，イオンはターゲットに激突する．その結果として，ターゲットの微粒子が叩き出され，基板に飛んでいってささって，たくさんささると膜になる．ガスとしては，化合物をつくりにくいヘリウム（He）やアルゴン（Ar）などを使うことができる．化合物をつくりやすいものだと，ターゲットと化学反応してしまい，ターゲットが変質してしまう．なかでも安価なアルゴンがよく使われる．

スパッタの特長は，蒸着が難しい沸点の高い材料が成膜できること，成膜された膜はターゲットと同じ材料の比率（組成）となること，ガスや電圧は均一であるので，膜厚や膜質の均一性が良いこと，基板にささるように成膜されるので密着性が良いこと，などが挙げられる．

実際のスパッタの写真では，肉眼では発光していることしか見えないが，イオンがターゲットに激突して，材料がターゲットから基板へと飛んでいっている．

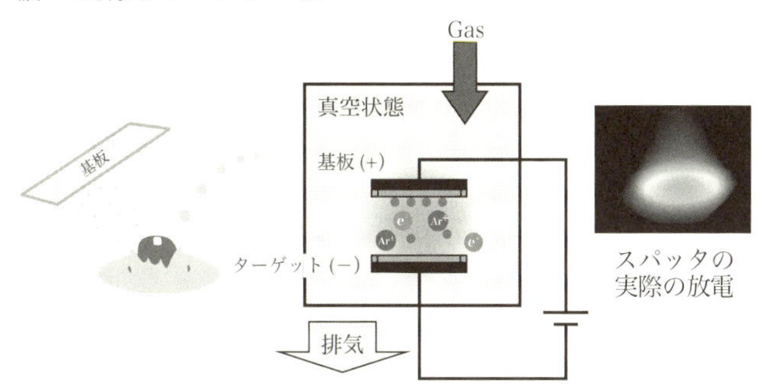

［特長］
沸点の高い材料が成膜できる
成膜された膜はターゲットと同じ組成となる
膜厚や膜質の均一性が良い
密着性が良い

図2・13　スパッタのイメージと装置と特徴
［出典］高知工科大学　古田守教授の画像より

(iv)　液体で塗ってゆく方法

液相で塗ってゆく方法は．主に印刷である．英語ではPrinting（プリンティング）という．印刷では，材料を単に塗ってゆくだけでなく，必要な場所だけに塗ってゆく．有機ELに用いられる印刷法は，版を使わないものと版を使うものに分類される．版を使わないものにはインクジェット印刷があり，版を使うものには，凸版印刷（活版印刷），凹版印刷（グラビア印刷），スクリーン印刷などがある．

なお，材料を必要な場所だけに塗るのではなく，基板に一面に塗る方法としてスピンコートがある．高速で回転した基板に液体の材料をたらして，遠心力で延ばして膜を得る方法である．簡単であるため研究の段階ではしばしば使われるが，大切な材料の90％くらいは飛び散ってムダになってしまうため，実際の製品の製造には使われない．いっぽう，やはり基板に一面に塗る別の方法として，スキージ塗りという方法がある．これはヘラのようなもの（スキージ）を用いて，あらかじめ基板にたらしておいた液体の材料や，スキージの先端から供給される液体の材料を，薄くならしてゆく方法である．

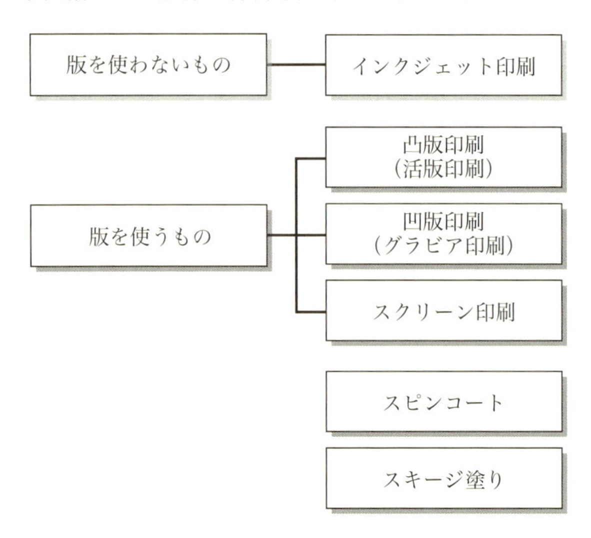

図2・14　有機ELに用いられる印刷法

(v)　インクジェット印刷は年賀状を刷るのと同じ

インクジェット印刷は，家庭用の年賀状を刷るプリンタにも使われている．液晶ディスプレイのカラーフィルタという部品を作るためにも使われていて，大きなディスプレイを作るのに適した技術であり，有機ELの作製にもっとも有望な印刷技術のひとつである．

インクジェット印刷では，まず，薄膜をつくりたい材料（溶質）をそれが溶ける液体（溶媒）に溶かして，インクを作る．そのインクを，ノズルとよばれるところに供給する．一部の壁は電気的に，変形するようにできていて，その変形で，微小な液体（液滴）が放出（吐出）

される．液滴の大きさはピコリットル（pℓ，10^{-12}ℓ）ほどでたいへん小さい．うまく印刷するためには，インクの粘り気（粘性）や表面の張り（表面張力）といった液体としての特性を，ちょうどよい値に制御してやる必要がある．液滴が飛んでいくあいだに蒸発したり，空気中の気体と反応したりしないようにするために，温度や空気の条件（雰囲気）を制御してやる必要もある．

年賀状のプリンタでは，この液滴が紙にうまくしみこむが，ディスプレイでは基板はガラスやプラスティックであって，液体はしみこまない．そこで，基板のうえで液滴がころがって逃げないように，土手（バンク）を作っておく．なお，液滴はたいへん軽いため，重力によってバンクの内側に溜まるというよりは，基板は液体が濡れやすい（親水性，親液性，Wettable，Hydrophilic）表面で作っておき，バンクは濡れにくい（撥水性，撥液性，疎水性，疎液性，Hydrophobic）材料で作って液体をはじくようにしておき，この濡れやすさの差を利用して，液滴をバンクの内側に溜めるのである．よって，バンクの実際の高さはあまり関係がない．ここでも，インクの表面張力などが影響する．

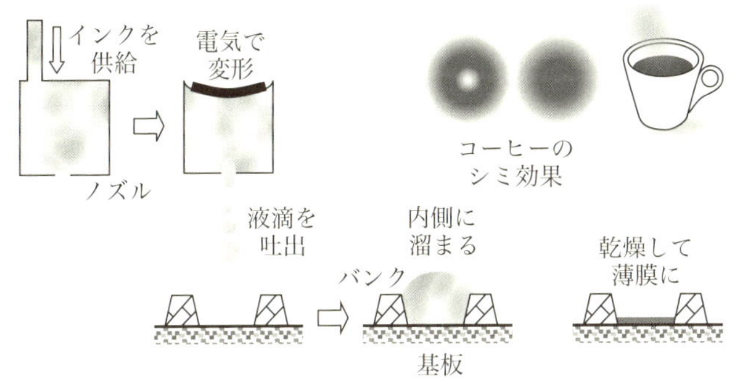

図2・15　インクジェット印刷のしくみ

そのあと，乾燥させて，薄膜にする．インクの組成は，溶質はほんのわずかで，ほとんどは溶媒である．よって，基板のうえでの液体の厚さは，乾燥して薄膜になると，数十分の一から数百分の一になる．それだけたくさんの溶媒が蒸発してゆくため，蒸発の途中での溶媒の流れが，溶質の濃い薄いをつくり，最終的な薄膜の膜厚にムラをつくることがある（コーヒーのシミ効果）．そのようにならないように，乾燥の工程をうまく管理してやる必要がある．

(vi) 有機ELの作製

では，蒸着やスパッタやインクジェット印刷を使っての，有機ELの作製の方法をみてみよう．まずは，図2・16に示すように，基板のうえに，陽極を作製する．陽極は，あとで説明するが，材料の半導体としての特性や，透明であるという特徴から，ほとんどの場合で酸化インジウムスズ（In-Sn-O, ITO）が使われる．ITOの成膜は，やはりほとんどの場合はスパッタで行われる．必要なところにだけ薄膜を残す処理（パターニング）として，通常の半導体の工程でも一般的な，フォトリソグラフィとエッチングが行われる．これらは液晶ディスプレイとまったく同じで，この点では新規の開発が不要であった．

つぎは，いよいよ，有機物の薄膜の作製である．陽極のうえに，各々の膜をつけてゆく．ディスプレイの場合は画素ごとに分離してパターニングしなければならない．パターニングせずに一面に共通に成膜してよい薄膜もあるが，少なくともカラーであれば，発光層は画素の色ごとに必ずパターニングしなければならない．ほとんどの低分子の有機物の材料は，蒸着によって成膜する．一部の低分子や高分子の材料は，スパッタにより成膜するものもある．蒸着やスパッタにより成膜する薄膜をパターニングするには，フィジカルマスクを使う．金属でできている場合も多く，メタルマスクともいう．マスクを使った蒸着やスパッタを，マスク蒸着とかマスクスパッタとかいう．原理は簡単で，マスクの開口部を通してそこだけに薄膜が成膜される．マスクが熱や重みでたわんだり，伸びたりすると，きちんとしたパターニングができなくなる．たとえば，1メートルの基板であれば，マスクが0.001 %だけズレてもその大きさは10 μmとなり，画素のサイズが100 μmであれば，まったく無視できない．有機ELディスプレイの大型化には，高精度なマスクの制御が必要となる．蒸着やスパッタでは，薄膜をうえに積んでゆくだけであるので，原理的には問題なく多くの薄膜を積層することができる．なお，図2・16では基板の上面に成膜されているが，実際には上下をひっくり返したかたちで，蒸着やスパッタは行われる．ゴミやホコ

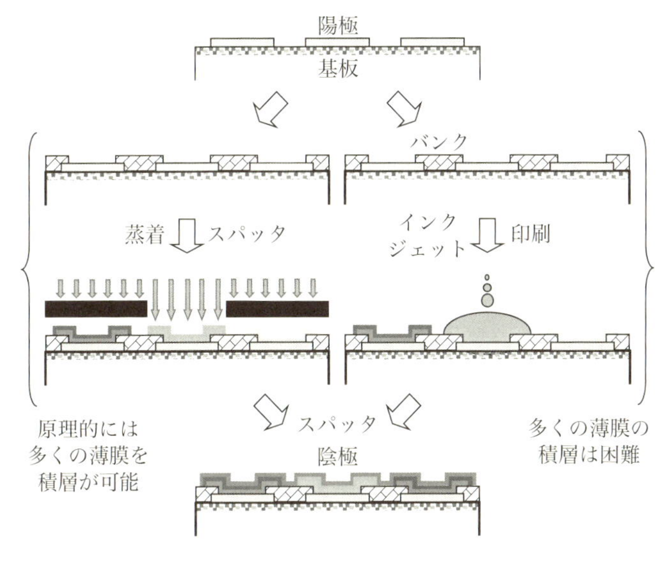

図2・16　有機ELの作製の手順

りなどが基板に付かないようにするためである.

分子の構造を工夫して液体に溶けるようにした低分子の有機物の材料や，かなりの高分子の材料は，インクジェット印刷で成膜できる[16]．このときは，ITO のうえにバンクを作製しておく．ITO のうえとバンクのうえとで濡れやすさに違いが出せれば，さまざまな材料を使うことができる．バンクは通常のフォトリソグラフィとエッチングで，位置の精度よく作ることができる．そのあとインクジェット印刷をして，乾燥をすれば，成膜と同時にパターニングができる．ただし，蒸着やスパッタとは違って，たくさんの薄膜を積層することは難しい．既に成膜した薄膜のうえに，次の薄膜のためのインクがのると，既に成膜した薄膜が溶けだしてしまう可能性があるからである．これを避けるために，最初の薄膜は水にしか溶けないもので水を溶媒としてインクジェット印刷を行い，次の薄膜はアルコールに溶けるものでアルコールを溶媒として印刷を行えば，最初の薄膜は溶けださない，というような工夫が行われた．しかしながらそれでも，多くの薄膜を積層することは難しい．結果として，インクジェット印刷に適した高分子の材料の有機 EL は，少数の薄膜の積層となっている．

最後に，一面に共通して電子注入層や陰極をスパッタで作製する．これらは酸素と化学反応しやすい材料なので，酸素の存在するところには出さないままで，すぐにそのうえに保護となる構造を作製する．

コラム　なぜフォトリソグラフィを使わないのか

半導体の製造方法に詳しい読者のかたは，有機物の薄膜のパターニングに，なぜフォトリソグラフィを使わないのかと，疑問に思われるかもしれない．フォトリソグラフィならば，大型の基板であっても，精度よくパターニングできるからである．おそらく，有機物の薄膜のエッチングまでは，何らかの方法で可能である．しかしながら，フォトレジストも有機物であって，その分子の構造はかなり有機ELのそれに近い．よって，フォトレジストを剥離するときに，有機ELのための有機物の薄膜も剥離してしまうか，ダメージを受けてしまう．これが，フィジカルマスクを用いてパターニングする理由である．

OH　OH　OH　OH　OH　O　N_2　COOH

SO_3R　SO_3R

フォトレジストの材料の例

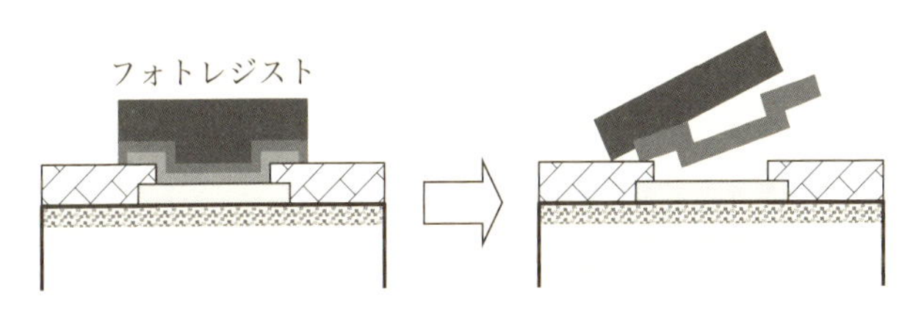

エッチングまでは可能でも…

フォトレジストの剥離で
いっしょにはがれてしまう

図2・17　なぜフォトリソグラフィを使わないのか

場合によっては，陰極をパターニングしたいことがある．これまで書いてきたとおり，電子注入層や陰極は化学反応しやすく，通常のフォトリソグラフィなどではパターニングしにくい．また，陰極のパターニングを，すべての画素ごとに行うとすると，フィジカルマスクでやるならば，マスクの開口部が大きくなりすぎて支持部分が少なくなり，強度が不足しがちである．

このときには，逆三角形のかたち（逆テーパ）をしたバンクをつくればよい[17]．逆テーパの陰になっているところには成膜されないので，必要なところ（不必要なところ）は膜を切ることができる．またそもそも逆テーパのバンクはフォトリソグラフィで作製できるので，精度が確保できる．この方法は，有機物の薄膜のパターニングにも使えるが，すべての画素で一斉に行うので，カラーごとのパターニングを行うにはやはりフィジカルマスクが必要で，それに加えて逆テーパのバンクを用いることで，高い精度でのパターニングが可能となる．

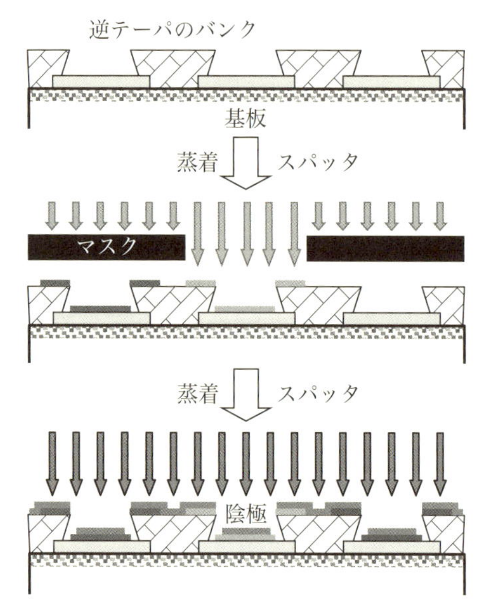

図2・18　逆テーパのバンクによる陰極のパターニング

逆テーパのバンクを作るには，たとえば，光が当たったところが固まる，ネガ型のフォトレジストを用いる．条件をうまく選べば，フォトリソグラフィでのフォトレジストの露光のときに，露光のために光が来る表面ちかくは光の強度を強く，奥のほうは弱くすることができる．そして，光が強かった表面近くはより広い範囲が固まって，結果として逆テーパのバンクの形状を得ることができる．

コラム　なぜボトムエミッションなのか

ここで説明した構造だと，透明な陽極が基板がわで，反対がわの陰極は不透明な金属であるため，光は基板がわを通して放たれる．これは後述するボトムエミッション構造である．基板がわにはやはり後述の薄膜トランジスタなどの構造があるため，一部の光しか外に出られないので効率が悪い．ではなぜ効率の落ちるボトムエミッションの構造をとるのであろうか．その理由は次のとおりである．陽極に用いるITOは比較的に安定な材料で，そのあと真空装置から出して，そのうえに蒸着やスパッタをしたり，あるいはインクジェット印刷で液体にさらしたりしても，それほど問題はない．いっぽう，電子注入層や陰極に用いる材料はきわめて化学反応しやすく，それらの成膜のあとに空気中に出して別の真空装置に入れることや，そのうえへの蒸着やスパッタやインクジェット印刷には耐えられない．このため，ふつうに考えれば，基板のうえにITOの陽極を成膜し，安定なそのうえに有機物の薄膜を成膜し，最後にLiやCaを含む電子注入層や陰極を成膜する，という順序しかありえない．陰極を最後に成膜することで，大切な有機物の薄膜と陰極との界面は，成膜がはじまるとすぐに保護され，正常に保つことができる．結果として，透明なITOが基板がわの電極，不透明な金属が反対側の電極となり，光は基板がわを通して放たれる．

ITOは空気に触れても平気だが　陰極はあっという間に傷んでしまう

図2・19　ITOは強いが陰極は弱い

2.3 発光ダイオードにプラスアルファで発光

有機ELの発光のしくみは，発光ダイオードにプラスアルファである．発光ダイオードを理解するには，半導体の知識が必要である[18]．少し難しいが，順をおって説明するので，がんばって理解してほしい．まずは，一般的によくわかっている，無機の半導体のリクツにもとづいて説明する．

(i) エネルギバンドは電子とホールの通り道

有機ELも，半導体の一種として考えられる．半導体のなかには，電子とホール（正孔）が存在する．電子はご存じのとおりマイナスの電荷を持ち（マイナスの電気を帯び），ホールは，電子の抜けたあとなので，プラスの電荷を持つ．もっと詳しく言えば，もともとはプラスの電荷が分布しているところに，電子が満たされていればプラスマイナスゼロであるが，そこから電子が抜けると，もともとのプラスの電荷が現れてくる．これがホールである．

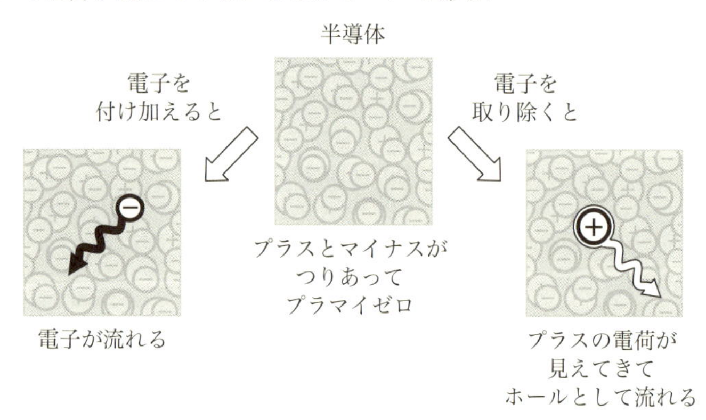

図2・20　半導体のなかの電子とホール

半導体のなかには，電子とホールが流れる道がある．これは，空間的な道という意味ではなくて，ある決まったエネルギしかとれないという意味で，エネルギ的な道である．帯状であるため，エネルギバンド（エネルギ帯）とよばれる．地上ではエネルギは地面の高さにあたり，水は高いところから低いところに流れる．半導体のなかのエネルギは，電気的なエネルギであり，場所的な高さは関係ないが，やはりその電気的なエネルギが高いところから低いところに電子は流れる．

そのため，図2・21に示すように，エネルギバンドは水槽にたとえることができる．水槽は，上と下にふたつある．上の水槽は，ほとんどからっぽであり，伝導帯（コンダクションバンド）という．いっぽう，下の水槽は，ほとんど電子でいっぱいであり，この電子は半

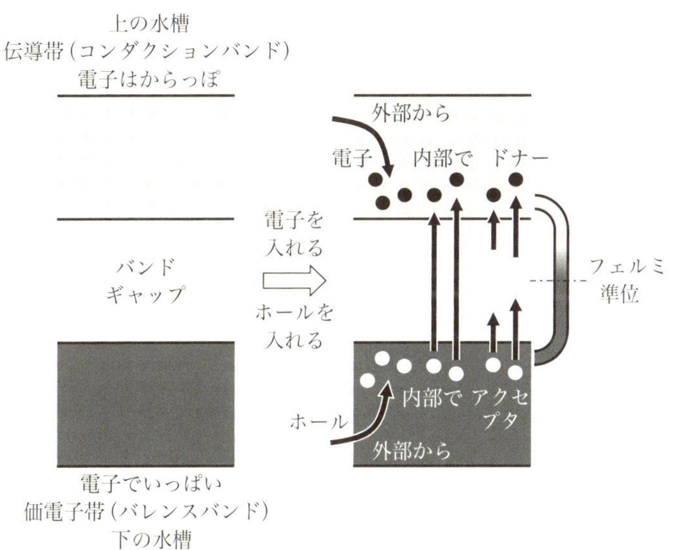

図2・21　半導体のエネルギバンド

導体をつくる原子に束縛されている価電子というものなので，このエネルギバンドを価電子帯（バレンスバンド）という．上と下の水槽のあいだを，バンドギャップという．

伝導帯には，電子を外部から入れることができる．価電子帯には，泡をやはり外部から入れることができる．この泡がホールにあたる．また，電子を価電子帯から伝導帯に持ち上げることもでき，伝導体には電子がつくられ，価電子帯にはホールがつくられる．電子やホールを発生させるための材料をちょっとだけ入れてもよい．こうした材料を，ドーパントとよび，ドーパントをいれることを，ドーピングとよぶ．（スポーツではドーピングは悪いことだが，半導体ではドーピングはいろいろなところで積極的に使われる）電子を発生させる材料をドナーとよび，ホールを発生させる材料をアクセプタとよぶ．こうしてできた，電子をたくさん含む半導体を，n型半導体とよぶ．電子はマイナスすなわちnegativeな電荷を持っているからである．ホールをたくさん含む半導体を，p型半導体とよぶ．ホールはプラスすなわちpositiveな電荷を持っているからである．

水面にあたるものを，フェルミ準位（フェルミレベル）とかフェルミエネルギとかいう．半導体の場合はほとんどの場合はバンドギャップのなかにある．水槽もない場所に水面があるというのはナンセンスと思われるかもしれないが，以降の説明では必要になる．あるいは，上の水槽と下の水槽がどこか遠いところでつながっていて，そこでの水面の高さだと考えてもよい．n型半導体では，フェルミ準位は，バンドギャップのなかでも高い方に位置していて，逆に，p型半導体では，フェルミ準位は，低い方に位置している．ただし，水面はきちんとしたものではなくて，その上側にも霧のような感じで少しは電子が存在するし，下側にも同様に少しはホールが存在する．

(ii)　拡散とドリフトで流れる

伝導帯の電子と価電子帯のホールは，流れることができる．流れかたは2とおりある．ひとつめが拡散とよばれるもので，これは，電子やホールが，濃いところから薄いところへと流れていくものである．部屋の片隅で吸ったタバコの煙が，薄まって部屋の全体に広がっていうようなことである．エネルギバンドの考え方では，電子は，フェルミ準位が伝導帯に近くて電子が多いところから，遠くて少ないところへと流れる．ホールは逆に，フェルミ準位が価電子帯に近くてホールが多いところから，遠くて少ないところへと流れる．

もうひとつがドリフトとよばれるもので，電圧をかけることによるものである．電子はプラス側の電気に引き寄せられ，ホールは反対にマイナス側の電気に引き寄せられる．エネルギバンドの考えかたでは，水槽を傾ければ，電子は低いほうに流れる．いっぽう，ホールは泡なので，高いほうに流れる．なお，水槽を傾けるというのも，

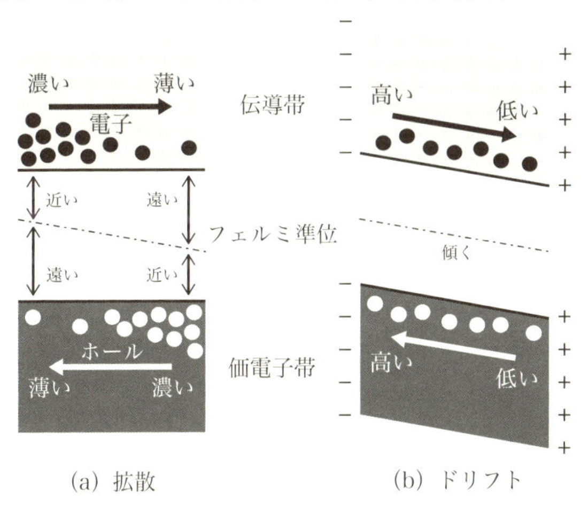

図2・22　電子とホールの流れ

見た目に傾けるわけではなくて，電圧をかけることによる．みえないところにある水面であるフェルミ準位も同じように傾く．なお，電子が伝導するので，このエネルギバンドを伝導帯とよぶのである．これらの電子やホールの流れが，電流となる．

これが，半導体のなかで，電子とホールが存在して，電流が流れるひとつのしくみである．（ほかにも流れるしくみはあるが，有機ELを理解するには，とりあえずこのしくみだけわかればよい）有機ELでは，伝導体と価電子帯がすこし違うものになっていて，くわしくはあとのページで説明するが，基本的なことはほぼ同じである．

(iii)　半導体をくっつけると

p型半導体とn型半導体をくっつけること（接合）を考える．既に書いたとおり，p型半導体では，フェルミ準位はバンドギャップのなかでも低い方に位置していて，電子は少なく，ホールは多い．逆に，n型半導体では，フェルミ準位は高い方に位置していて，電子は多く，ホールは少ない．まずは，エネルギバンドの図をそのままくっつける．そうすると，電子はその数が多いn型からp型に流れ，

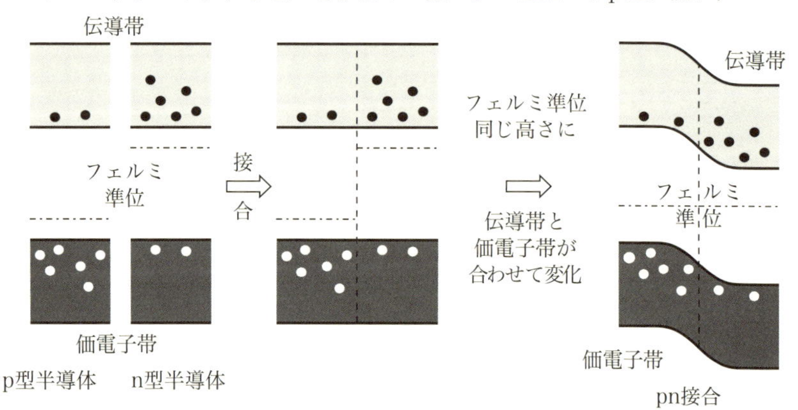

図2・23　半導体の接合

ホールはp型からn型に流れる．この流れは，水面の高さが同じになるまでつづく．普通の水槽と違って，水面の高さとの変化に合わせて，水槽の置いてある高さも同じように変化する．その結果として，接合の界面の付近で，エネルギバンドが曲がった構造が得られる．

(iv) 発光ダイオードの発光のしくみ

さて，こうして作ったpn接合が，発光ダイオードの基本的な構造である．n型半導体がわでは電子の密度が濃く，p型半導体がわでは電子の密度が薄いため，電子の拡散の流れが，n型がわからp型がわへと生じている．また，伝導帯はp型半導体がわからn型半導体がわへと傾いているので，電子のドリフトの流れが，p型がわからn型がわへと生じている．拡散の流れとドリフトの流れは打ち消しあって，正味の電子の流れはない．いっぽう，ホールは，逆に，拡散の流れがp型がわからn型がわへと生じ，ドリフトの流れが，n型がわからp型がわへと生じ，やはり，正味のホールの流れはない．

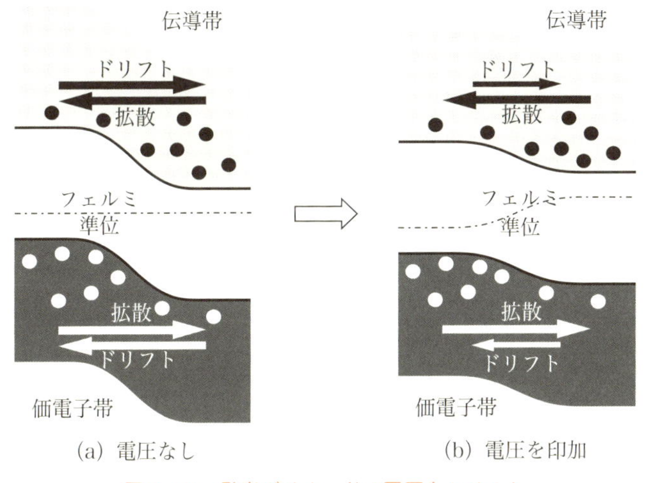

図2・24 発光ダイオードに電圧をかけると

pn接合に，p型がわにプラス，n型がわにマイナスの電圧をかける．こうすると電流が流れるので，この向きの電圧のかけかたを，順方向電圧という．エネルギバンドは，p型がわがすこし下がり，n型がわがすこし上がる．このため，水槽の傾きがすこし緩やかになり，ドリフトの流れが減り，相対的に拡散の流れのほうが勝って，正味の電子とホールの流れが生じる．

こうして，電子はn型半導体からp型半導体へと流れ込み，図3・25に示すように，もともとたくさんあったホールを出会って消滅する（再結合）．また，逆に，ホールはp型半導体からn型半導体へと流れ込み，電子と出会って再結合する．伝導帯の電子が直接に価電子帯のホールと再結合することもあれば，バンドギャップのなかにある一時的に電子やホールを捕まえることのできるところ（再結合中心）で再結合することもある．直接に再結合しやすい半導体は，直接遷移半導体とよばれる．いっぽう，直接には再結合しにくい半導体は，間接遷移半導体とよばれる．そして，再結合で余ったエネルギは光のかたちで放出され．これが発光ダイオードの発光のしくみである．

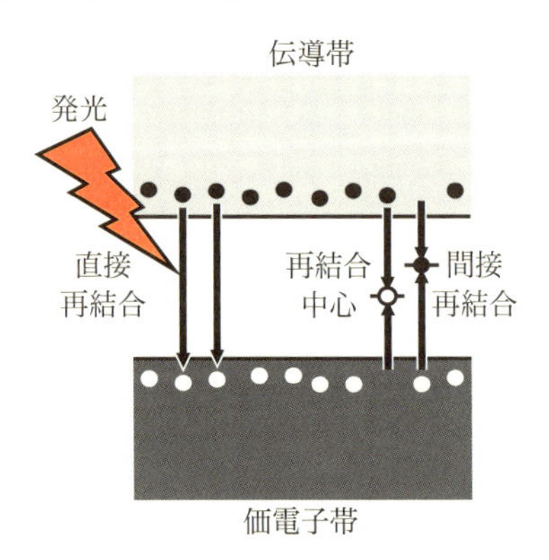

図2・25　直接と間接の再結合

白熱電球では，電気エネルギはまず熱エネルギに変換され，さらにその熱エネルギが光に変えられる．かなりの部分が熱エネルギになるため，効率が悪い．発光ダイオードは，電気エネルギを直接に光に変えるため，効率がよい．

コラム　直接遷移半導体と間接遷移半導体

直接遷移半導体には，ガリウムヒ素（GaAs）や窒化ガリウム（GaN）などがある．電子とホールは同じ運動量（たいがいはほぼゼロ）であり，うまく直接再結合できる．いっぽう，間接遷移半導体には，シリコン（元素記号Si）やゲルマニウム（元素記号Ge）などがある．電子とホールは違う運動量をもっていて，運動量保存則を満たすためには，この運動量をやりとりできる何かも反応にかかわらせなければならないため，直接再結合が起こりにくい．

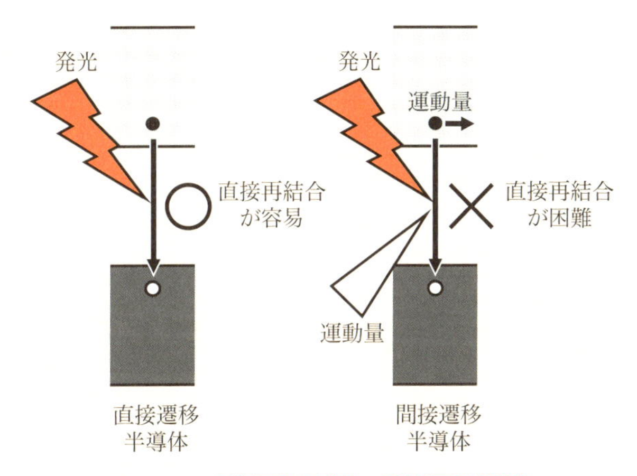

図2・26　直接遷移半導体と間接遷移半導体

電子とホールの出会う確率を増すために，ダブルヘテロ構造や量子井戸構造といったエネルギバンドの構造をとらせることがある．ともに，電子やホールをたくさん閉じ込める場所をつくっておくものである．なお，「ヘテロ」とは「異なる」という意味で，ダブルヘテロ構造とは，異なる半導体の接合がふたつある構造，という意味である．

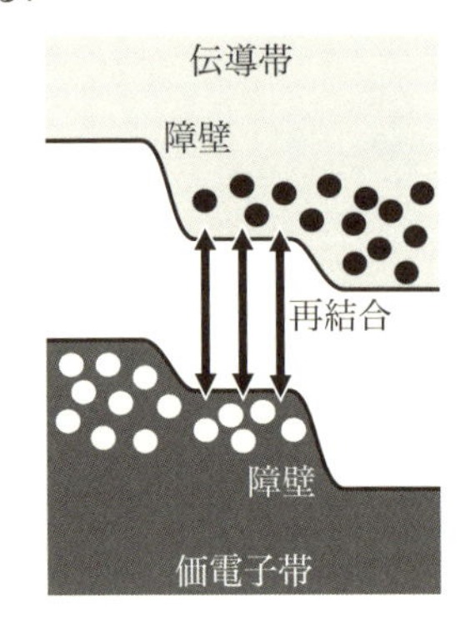

(a) ダブルヘテロ構造

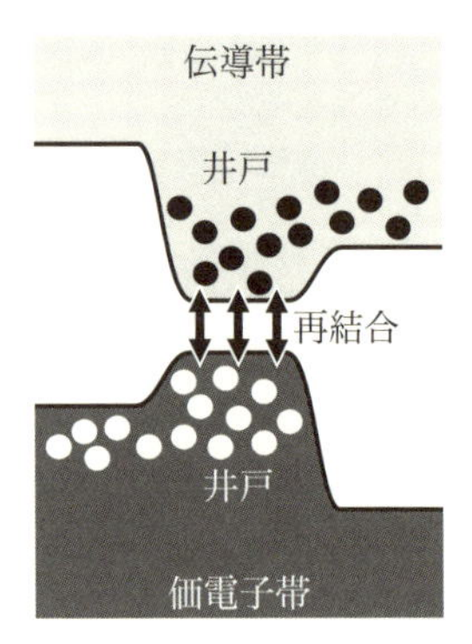

(b) 量子井戸

図2・27　電子やホールを閉じ込める構造

(v)　有機物ではHOMOとLUMO

ここからはいよいよ，本格的に有機ELについての説明である．有機ELも無機物の半導体の発光ダイオードと同じように説明できるのであるが，いくらか修正すべきこともある．無機物の半導体では，多数の原子が結合して結晶をつくり，その結晶のなかで，エネルギバンド，すなわち，伝導体と価電子帯がつくられる．いっぽう，有機物では，ひとつの分子のなかで電子がはいる分子軌道が，これに対応するものとなる．価電子帯にあたるもの，すなわち，電子が詰まっているいちばん上の分子軌道が，最高占有分子軌道（Highest Occupied Molecular Orbital, HOMO）であり，伝導体にあたるもの，すなわち，電子が詰まっていないいちばん下の分子軌道が，最低非占有分子軌道（Lowest Unoccupied Molecular Orbital, LUMO）である．電子やホールは，となりあう分子の分子軌道を渡り歩きながら伝わってゆく．最近では，コンピュータシミュレーションによって，複雑な分子であっても，どのような分子軌道をもつか，わかるようになってきた．

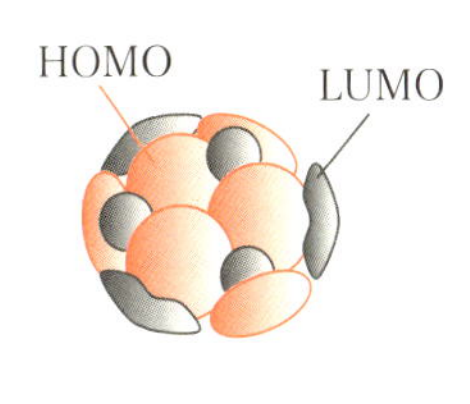

ひとつの分子のなかに
HOMOとLUMOがある

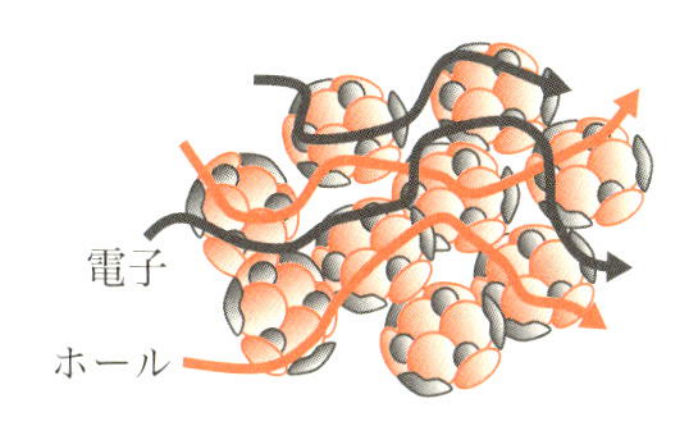

電子やホールは
となりあう分子軌道を
渡り歩きながら伝わる

図2・28　HOMOとLUMO

(vi) 有機ELのエネルギバンド構成

そもそも有機物はエネルギバンドを作らないので言葉がおかしい，と言われるかたもいらっしゃるかもしれないが，ほかに適した言い方も見つからないので，無機の半導体にならってこう書かせていただきたい．有機ELは複数の薄膜を積層したものであるので，無機の半導体で言うところのヘテロ構造がたくさんあり，この構造をうまく作り込む（エンジニアリング）ことで，少ない電気で輝度の高い有機ELを作ることができる．

図2・29は，代表的な有機ELのエネルギバンド構成である．陽極のエネルギは低く，陰極のエネルギは高い．正孔輸送層のHOMOは陰極とおおよそ同じで少し低い程度で，電子輸送層のLUMOは陽極とおおよそ同じで少し高い程度とする．発光層と電子輸送層のあいだには，比較的に大きなHOMOの差があり，発光層と正孔輸

送層のあいだには，比較的に大きなLUMOの差がある．ここでは，HOMOもLUMOも，陽極がわから陰極がわへと，階段状に低くなっているが，必ずしもそうとは限らない．

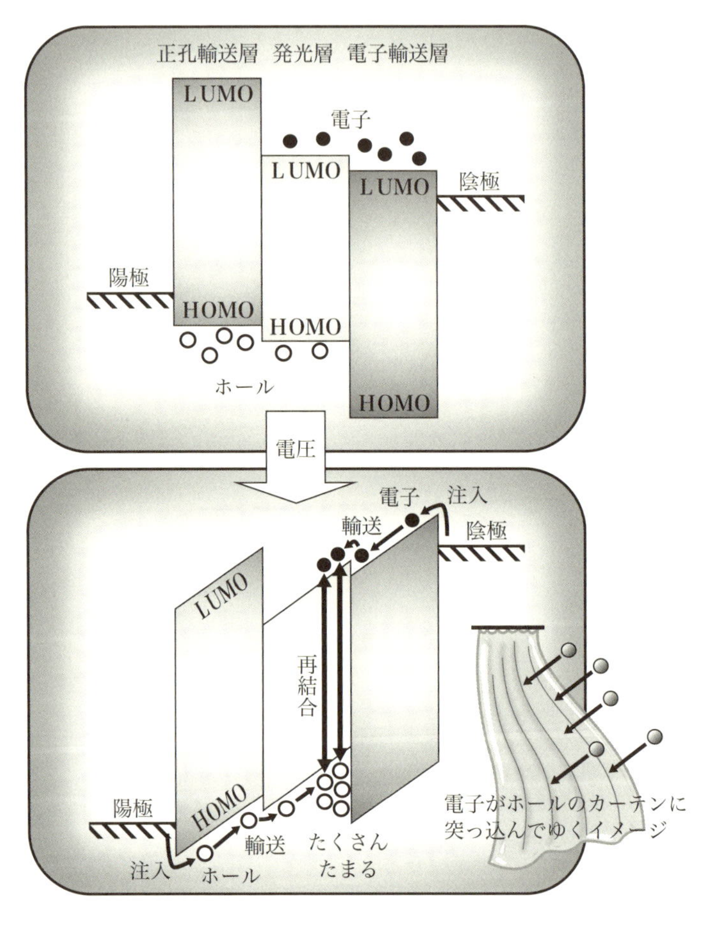

図2・29　有機ELのエネルギバンド構成

なお，金属のなかの電子を外に取り出すのに必要なエネルギを，仕事関数とよぶ．陰極はエネルギバンドが高いので，電子を外に取り出すために必要なエネルギは少しでよい．すなわち，仕事関数の小さい金属ということになる．また，電子が外に出やすいということは，化学反応しやすいということなので，仕事関数が小さい金属は，化学反応しやすいということになる．

陽極にプラスの電圧をかけるとエネルギが下がり，陰極にマイナスの電圧をかけるとエネルギが上がる．発光層と正孔輸送層と電子輸送層のHOMOとLUMOは，それに引きずられて斜めになる．電子は，陰極から，それほど高くないエネルギの障壁を軽々と越えて，電子輸送層に注入される．そして，電子輸送層の斜面に沿って降りながら輸送されてゆく．いっぽう，ホールは，陽極から，やはりそれほど高くないエネルギの障壁を軽々と越えて，正孔輸送層に注入される．そして，やはり正孔輸送層の斜面に沿って登りながら輸送されてゆき，そのまま発光層に入る．発光層と電子輸送層のあいだには，大きなHOMOの差があり，これはホールに対する大きなエネルギの障壁となるので，ホールはここにたくさんたまる．すなわち，ここでの電子輸送層は，正孔阻止層としての役目も大きい．

実際の構造としては，発光層と電子輸送層のあいだは面状の界面なので，ここにカーテンのようにホールがたくさん存在する層ができることとなる．このホールのカーテンに，電子輸送層からの電子が突っ込んでくる．電子はそれほど密度は高くないが，ホールの密度の高いカーテンが電子をしっかりキャッチする．同じことが，場合によっては，発光層と正孔輸送層との界面でも起きる．どちらがより起こりやすいかは，エネルギバンド構造や電子とホールの動きやすさなどによって異なる．

もし，注入される電子の数が，再結合で消える電子の数よりも少ないとすると，有機ELのなかの電子はどんどん減ってゆき，そのため再結合の確率が下がる．逆に，注入される電子の数が，再結合で消える電子の数よりも多いとすると，有機ELのなかの電子は増えてゆき，再結合の確率が上がる．いずれにせよ，注入される電子の数と，再結合で消える電子の数は，同じになる．いっぽう，注入されるホールの数が，再結合で消えるホールの数よりも少ないとすると，同様に，有機ELのなかのホールは減ってゆく．それでも，今考えている例では，電子よりホールのほうが多いため，再結合の確率は変わらないが，ホールの数が減るために，相対的に有機ELのなかの電圧がマイナスになり，注入されるホールが増える．逆に，注入されるホールの数が，再結合で消えるホールの数よりも多いとすると，有機ELのなかの電圧がプラスになり，注入されるホールが減るとともに，過剰なホールが逆方向に拡散する．やはり，いずれにせよ，注入されるホールの数と，再結合で消えるホールの数は，同じになる．つまり，うまくエネルギバンド構成がエンジニアリングされていれば，これらの現象がいっせいに起こって，オートマティックに，注入される電子の数と，注入されるホールの数と，再結合で消える電子とホールの数を，同じにすることができる．実際，最近の有機ELでは，ほぼ100%の確率で，電子とホールは再結合できている．

まとめると，このエネルギバンド構造は，いかに多くの電子とホールを再結合させるかということを目的に，考え出されたものである．そのために，ホールがたくさん溜まった層をつくっておき，そこに電子を突っ込ませるカタチ（あるいはその逆）をとっている．もしそうでなければ，陰極からの電子はホールと出あうことなく陽極に至り，陽極からのホールは電子に出あうことなく陰極に至る．これはただの電流で，ムダな電気を使ってしまうだけであり，避けるべき現象である．ただし，最新の有機ELでは，界面に近いところで再結合させると，再結合の領域が狭くなり，クエンチという効率を下げる現象が起こるため，ある程度は広い領域で再結合させる工夫もされている．

(vii)　再結合から発光へ

あらためて分子のレベルで電子とホールの移動をみてみる．前述では無機半導体のエネルギバンドと同じようにHOMOとLUMOを使ってきたが，もともとはひとつの分子のなかのエネルギ準位を表す言葉である．有機ELのなかでのホールは，HOMOにひとつ電子が足りない状態で，これをラジカルカチオンと言う．ホールが移動するとは，このラジカルカチオンの状態が隣の分子に移動していることに対応する．いっぽう，有機ELのなかでの自由な電子は，LUMOにひとつの電子がある状態で，これをラジカルアニオンと言う．電子が移動するとは，同様に，ラジカルアニオンの状態が隣の分子に移動していることに対応する．このラジカルアニオンとラジ

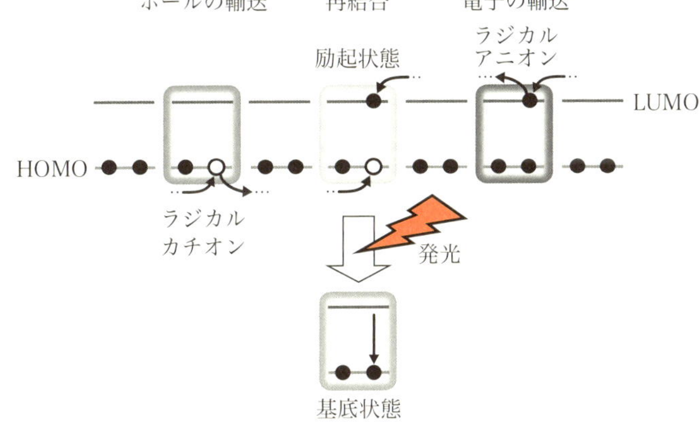

図2・30　再結合から発光へ

カルカチオンの状態が，偶然にひとつの分子で出あうと，電子の数は普通の分子と同じであるが，HOMOにホールがあり，LUMOに電子がある，励起状態となる．やがて，LUMOの電子がHOMOのホールに落っこちて，失ったエネルギが光となって放たれる．これでやっと有機ELが発光した．なお，再結合した電子とホールはすべて発光するわけではなく，これについては後で説明する．

なお，ラジカルカチオンやラジカルアニオンが動き回って励起状態をつくる材料が，ホストとよばれる材料であり，励起状態が発光して基底状態になる材料が，ゲストとよばれる材料である．ホストは電気的な特性，ゲストは光学的な特性と，役割を分担することができる．両方を兼ねている材料も多い．

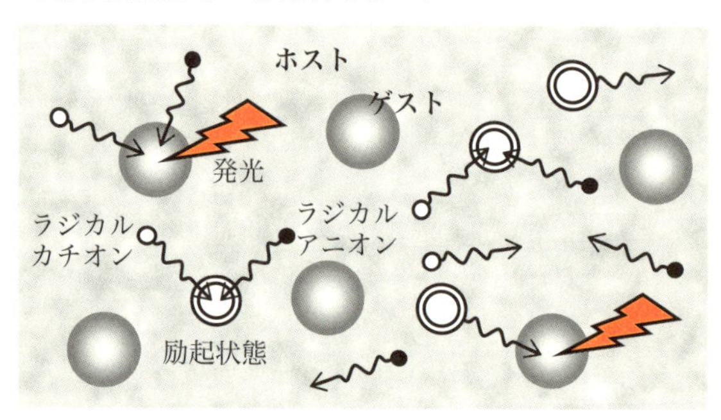

図2・31　ホストとゲスト

コラム　無機の半導体と有機物での再結合の使い方の違い

無機の半導体では，伝導体の電子が価電子帯のホールに落っこちることを再結合とよぶが，有機物では，LUMOの電子とHOMOのホールが，ひとつの分子のなかに存在するようになることを，再結合とよぶことが多いようである．そこらへんはあいまいであるので，再結合と書いてあるときは適宜に意味を選んでほしい．

2.4 まわりの構造も大切

ここまでで，有機ELの最も中心となるところは説明したが，そのまわりの構造も，実際の使用を考えると，これまでと同じくらい大切である．

(i) 写り込みを防ぐ偏光フィルタ

有機ELの陰極は金属であり，光を反射する．有機ELの発光も反射してくれるが，部屋のあかりや光差し込む窓など，まわりからの光も反射する．そのため，まわりが明るいときには，写り込みが気になる．そこで，偏光フィルタを用いる．

偏光フィルタでは，光の偏光という性質を使うので，まず説明しておこう．光は波であって，その波の振動の方向が偏光である．偏光フィルタを使うと，ある特定の方向の偏光だけを取り出せる．ちなみに，3D映画で配られるメガネは，偏光フィルタである．右目と左目とで異なる方向の偏光を通すようになっている．映画館のスクリーンには，両方の偏光の画像が映し出されるが，偏光フィルタのおかげで右目と左目にそれぞれの映像が届くので，3D映画が楽しめる．

有機ELでは，円偏光フィルタという特殊なものを用いる．円偏光とは，光がサンダーバードのジェット・モグラ（古い！）のように，回転しながら進んでゆくと考えてよい．たとえば，左まわりの円偏光だけを通す偏光フィルタを，有機ELの表面に貼りつける．まわりからの光は，この偏光フィルタを通ると，左まわり偏光となる．金属で反射すると偏光の向きが変わって，右まわり偏光となる．鏡で左右が入れ替わるようなものである．偏光フィルタは左まわり偏光しか通さないので，反射した光はここでさえぎられる．

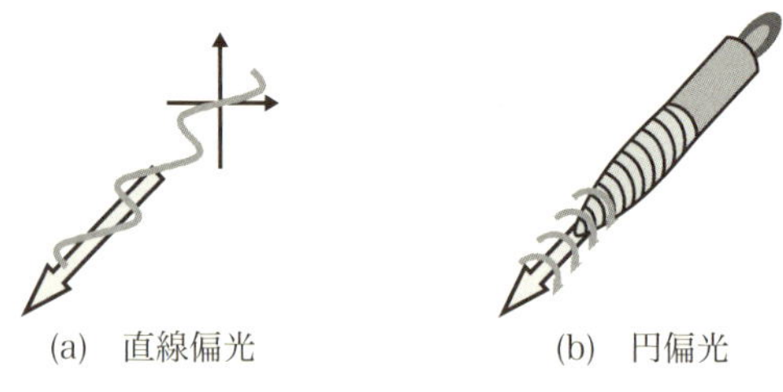

図2・32　光の偏光

いっぽう，有機ELからの光は，右まわり偏光と左まわり偏光の両方を含んでいるので，偏光フィルタを通じて左まわり偏光が出ていき，わたしたちは見ることができる．ただし，有機ELからの左まわり偏光はさえぎられてしまうので，画面が暗くなる課題もある．

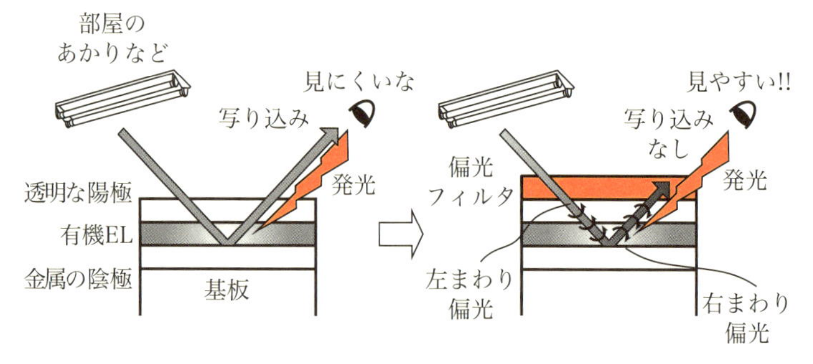

図2・33　写り込みを防ぐ偏光フィルタ

(ii)　封止で長持ち

有機ELはとにかく水分に弱い．有機トランジスタや有機太陽電池のような有機物の薄膜を用いたほかの素子に比べても，有機ELは格段に水分に弱い．気にしなければならない水分というのは液体の水だけではなく，むしろ水蒸気が主である．具体的には水分の侵入を，10^{-6} g/m^2・day 程度以下に抑えないといけないとされている．これは，1日に1 m^2の面積を通して入ってくる水分を，なんと1マイクログラム以下にしなければならないということである．

水分が入ってくると，円状の発光しない領域が発生する．これを，ダークスポットという．時間ともに拡大してゆく．有機ELの開発初期に問題となったダークスポットは，はじめは原因がわからなかったが，やがて水分と関係することがわかった．実は，10^{-6} g/m^2・day という量は，検出手段がないほど少ない量であり，逆に，有機ELのダークスポットの発生とその拡大を見ることで，水分の侵入を検出しようという試みもあるほどである．

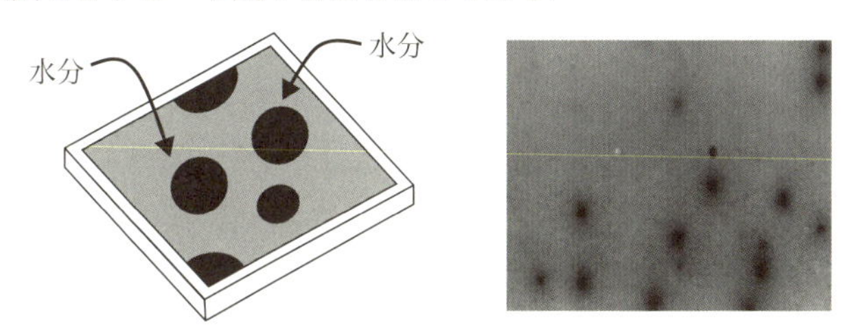

図2・34　水分の侵入によるダークスポット

有機ELの基板としてガラス基板を使っているときは，基板がわからの水分の侵入はほとんどない．問題は，反対側の，有機ELが露出しているほうである．有機ELへの水分の侵入を阻止する方法として，缶封止がある．これは金属缶を用いた封止であったのでそうよばれたが，ガラスであっても，ガラス封止とよぶこともあるが，缶封止とよばれることもある．金属缶やガラスでフタをする．内部は，化学反応などを起こしにくいガスや窒素で満たされる．接着剤にも気を使う．さらに，乾燥材も入れて，残っていた水分や，あとから侵入した水分を取り去る．最近は，ガスの代わりに，乾燥材を練り込んだ材料を入れているものもある．乾燥材としては，酸化カルシウム（CaO），塩化カルシウム（$CaCl_2$），酸化バリウム（BaO）などがある．

缶封止は，水分の侵入を阻止する方法として，きわめて有効であるが，とにかくかさばる．そこで，膜封止が考えられた．ありふれた材料で水分を阻止する能力が高いものに窒化シリコン（SiN_x）がある．（組成がしばしばずれるのでxは任意の実数である）ただし，窒化シリコンにはしばしば微小な孔（ピンホール）が発生し，そこから水分が侵入する．窒化シリコンの膜の厚さを厚くしても，ピンホールもそのまま残って膜は上方向に成長するので，あまり意味がない．そこで，有機や無機の薄膜と積層することが考えられた．この薄膜はそれほど水分を阻止する能力は高くないが，ピンホールの発生は頻度は高くなくランダムなので，水分が有機ELまで到達するには，ジグザグの長い経路を経なければならない．実にローテク感が満載の工夫であるが，有効な方法というのは，しばしばそういうものである．

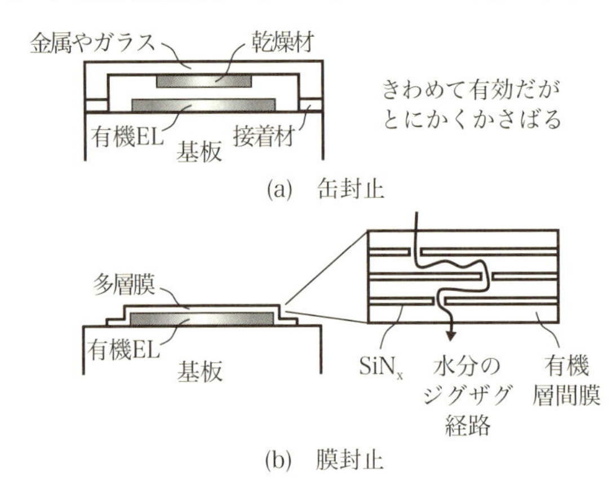

図2・35　缶封止と膜封止

2.5　有機ELディスプレイの駆動方式

有機ELの画素を行列上に並べて，ひとつひとつの発光をコントロールすれば，ディスプレイになる．有機ELへの電流の流しかたには，パッシブマトリクス方式（単純マトリクス方式ともいう）とアクティブマトリクス方式がある．

(i)　パッシブマトリクス方式は簡単な構造

パッシブマトリクス方式の有機ELディスプレイの構造は，比較的に簡単である．基板のうえに，ITOなどの透明電極で陽極をストライプ状に作製し，そのうえに有機ELを適宜に積層して作製し，そのうえに，電子注入層も兼ねた材料も含めて金属の陰極をストライプ状に作製する．陰極をストライプ状に作製するには，図2・18で示した，逆テーパのバンクによる陰極のパターニングの方法を用いる．

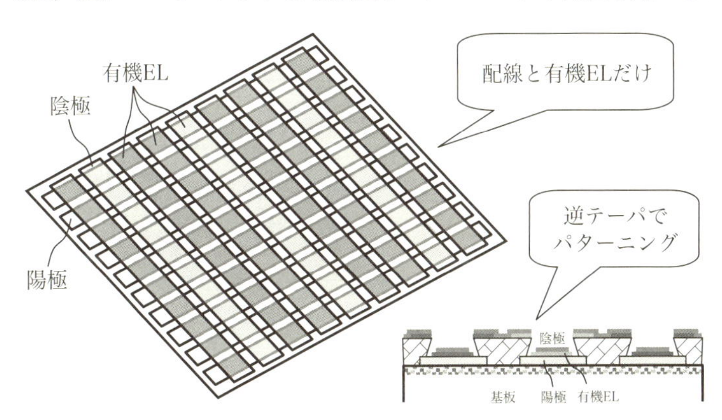

図2・36　パッシブマトリクス方式の有機ELディスプレイの構造

有機ELは，行列状の陽極と陰極の交点ごとの，ダイオードとして動作する．ここでは，陰極に順々にマイナスのパルス状の電圧をかけてゆく．順々に電圧をかける配線を走査線という．これにタイミングを合わせて，陽極に電圧をかける．こちらの配線を信号線という．たとえば図2・37で点線で表されているタイミングでは，1行目の走査線にマイナスの電圧がかかり，いちばん左の信号線には大きなプラスの電圧がかかるので，交点の有機ELに大きな電圧がかかり，大きな電流が流れ，明るく光る．まんなかの信号線には，小さなプラスの電圧がかかるので，暗めに光る．このようにして，1行目の有機ELが，並列の回路として，いっせいに光る．次のタイミングでは，同じように，2行目の有機ELがいっせいに光る．これをいちばん下の走査線まで繰り返す．人間の目には残像が残るので，ひとつの画面として見ることができる．

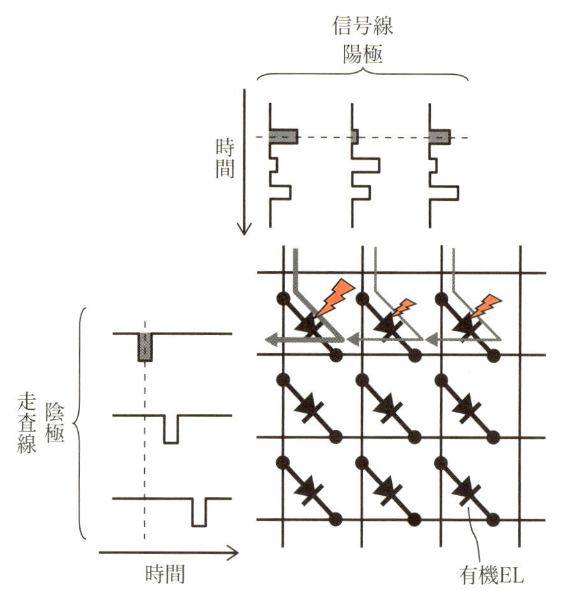

図2・37　パッシブマトリクス方式の有機ELディスプレイの駆動方式

なお，ここでは，陰極を走査線とし，陽極を信号線とした．これは，走査線にはそのとき選択されたすべての有機ELの電流が合わさって流れるため，抵抗の低い金属でできた陰極のほうが好ましいからである．いっぽう，信号線には，ひとつの有機ELの電流しか流れないため，抵抗の高い透明電極でもよい．逆に，陽極を走査線とし，陰極を信号線とするやりかたもある．これは，図2・36のパッシブマトリクス方式の有機ELディスプレイの構造がそうであるように，逆テーパのバンクによるパターニングの方法を各色の有機物の薄膜のパターニングにも用いるときは，各色ごとの陰極の配線となり，映像信号の信号順序を鑑みると，陽極を走査線としたほうが都合がよいからである．

なお，有機ELはダイオードであるため，逆方向の電圧がかかっても電流は流れない．すなわち，やはり図2・37で点線で表されているタイミングでは，2行目の走査線にはプラスの電圧がかかり，信号線には相対的にマイナスの電圧がかかるが，逆方向の電圧なので何も起こらない．実は，あとで説明する液晶ディスプレイでは，パッシブマトリクス方式は，逆方向電圧の悪影響により，アクティブマトリクス方式に比べて，ぜんぜん画質が良くないのであるが（クロストークという想定外の縦横の線が現れる），有機ELディスプレイでは，パッシブマトリクス方式であっても，かなり良い画質が得られる．

パッシブマトリクス方式の有機ELディスプレイの課題は，効率と寿命である．それぞれの有機ELは一瞬しか光らないので，きわめて明るく光らせねばならない．もし走査線の本数が100本なら，ずっと光っている場合に比べて，100倍の輝度で光らせねばならない．このときの発光の効率は，ずっと光っている場合に比べてかなり低くなる．また，寿命も短くなる．発光の時間は1/100であるが，寿命は1/100以下になるので，全体としての寿命が短くなる．これらの理由から，パッシブマトリクス方式は，画素の数が少なく走査線の本数が少ない有機ELディスプレイに限定である．

(ii) アクティブマトリクス方式で高精細ディスプレイへ

アクティブマトリクス方式は，図2・38に示すように薄膜トランジスタ（Thin-Film Transistor, TFT）をつかって，ひとつひとつの発光をコントロールする方式である[19]．抵抗・コンデンサ・コイルなどのことをパッシブ素子というのに対して，トランジスタはアクティブ素子というので，この名前となっている．アクティブマトリクス方式のOLEDということで，AM-OLED（エーエムオーレッド）をよばれる．薄膜トランジスタの材料や作製のしかたについては詳しくは後述するが，多結晶シリコン薄膜トランジスタ，酸化物薄膜トランジスタ，有機薄膜トランジスタなどがある．基板のうえに，多数の薄膜トランジスタを作製して画素をつくり．陽極も作製しておき，そのうえに有機ELを作製し，そのうえに陰極を作製する．陰極は

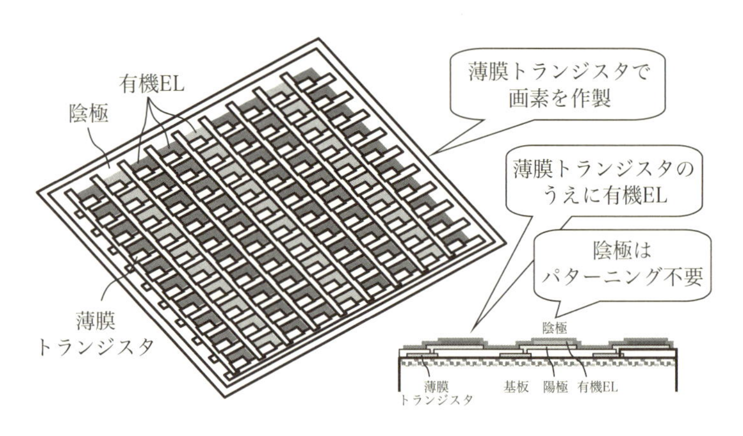

図2・38　アクティブマトリクス方式の有機ELディスプレイの構造

パターニングする必要はない．薄膜トランジスタの作製には300～400 ℃といった高温を必要とするので先に作製し，そのあとでそのような高温には耐えられない有機ELを作製する．

有機ELの発光をコントロールするには，有機ELに流し込む電流をコントロールすればよい．いっぽう，薄膜トランジスタは，ゲート電極という電極にかける電圧によって，ドレイン電流というソース電極とドレイン電極のあいだに流れる電流を，変化させることができる．そこで，アクティブマトリクス方式の有機ELディスプレイの画素回路では，有機ELと薄膜トランジスタを，直列に接続する．ここでの有機ELを駆動するための薄膜トランジスタを，駆動トランジスタ（Driving TFT, Dr-TFT）とよぶ．駆動トランジスタのゲート電圧によって，有機ELに流し込む電流，そして，発光をコントロールすることができる．すなわち，駆動トランジスタは，有機ELに流す電流を連続的つまりアナログ的にコントロールする，アナログスイッチとしての役割を果たしている．

駆動トランジスタのゲート電圧で発光をコントロールするわけであるから，そのゲート電圧を与えるしくみを作らねばならない．そこ

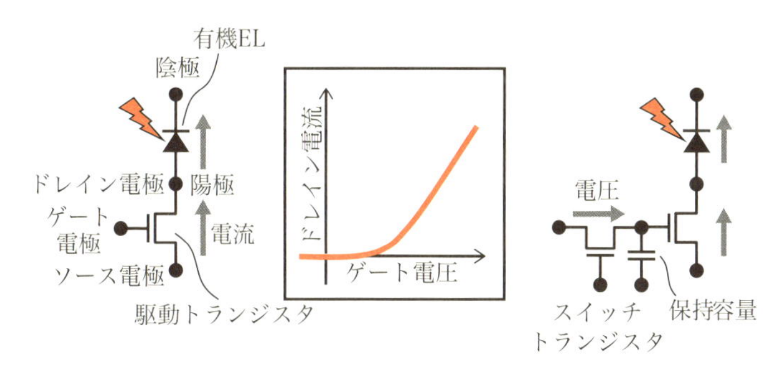

図2・39　アクティブマトリクス方式の有機ELディスプレイの画素回路

で，もうひとつ薄膜トランジスタを追加して，外部からの電圧の信号を駆動トランジスタのゲート電圧として送るようにする．この追加した薄膜トランジスタを，スイッチトランジスタ（Switching TFT, Sw-TFT）とよぶ．単にオンとオフのスイッチとして使われているからである．送られた電圧を保持するためのコンデンサである，保持容量も作られている．

この画素回路を，左右方向に伸びた走査線と，前後方向に伸びた信号線とで構成された行列状の配線のなかに並べる．走査線に順々にパルス状の電圧をかけてゆき，これにタイミングを合わせて，信号線に電圧をかける．たとえば次図で点線で表されているタイミングでは，1行目の走査線に電圧がかかり，この走査線にゲート電極が接続しているスイッチトランジスタがスイッチオンして，各々の信号線からの電圧を，保持容量と駆動トランジスタに送り込む．ここでは，いちばん左の信号線には，大きな電圧がかかるので，駆動トランジスタと有機ELに大きな電流が流れ，明るく光る．まんなかの信号線には，小さな電圧がかかるので，暗めに光る．次のタイミングでは，同じように，2行目の走査線に電圧がかかり，各々の信号線からの電圧を送り込む．

パッシブマトリクス方式と違って，アクティブマトリクス方式では，2行目に電圧を書き込んでいるときには，1行目のスイッチングトランジスタはスイッチオフなので，駆動トランジスタはそれ以前に書き込まれた電圧で，有機ELに電流を流し続ける．すなわち，パッシブマトリクス方式では，人間の目は残像を見ていたのだが，アクティブマトリクス方式では，実際に画面はずっと発光しつづけている．

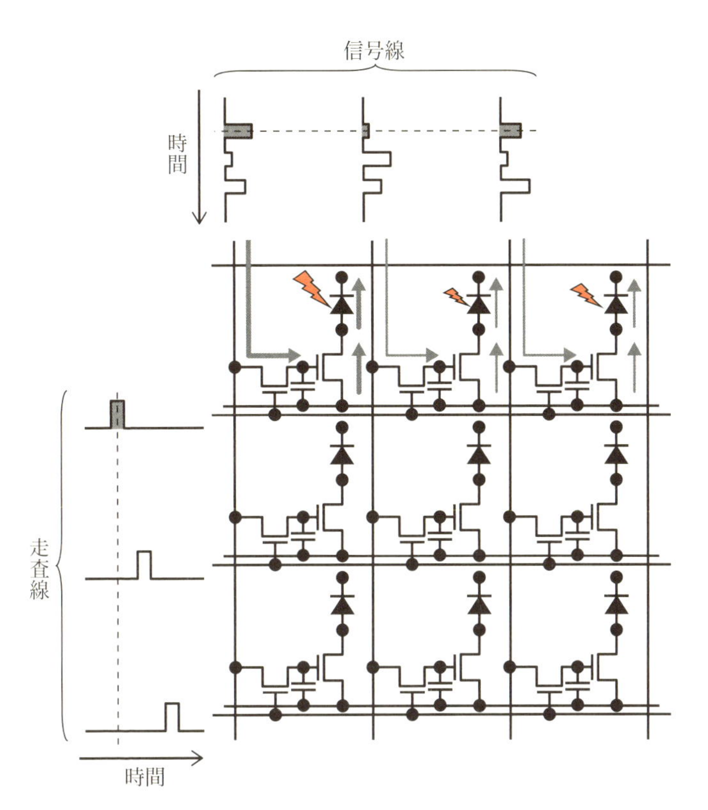

図2・40 アクティブマトリクス方式の有機ELディスプレイの駆動方式

アクティブマトリクス方式の有機ELディスプレイは，パッシブマトリクス方式の課題であった，効率と寿命の問題を解決している．すなわち，それぞれの有機ELはずっと発光しつづけているので，瞬間的に明るくする必要はない．そこで，発光の効率がよく，寿命も長くなる．これらの理由から，アクティブマトリクス方式は，画素が細かく数が多く，走査線の本数が多い，高精細ディスプレイにより適している．

さて，ようやく，ひととおりの有機ELの基本的なことがらの勉強が終わった．今後，有機ELに関する文章を読んだとき，ざっくりと内容はわかるようになったのではないかと思う．それだけではなく，有機ELだけでなく，ついでに有機物や薄膜技術や半導体デバイスの物理動作，さらには情報ディスプレイが2次元的に画像を表示する方法についても，たくさんの知識を学ぶことができたはずであるので，かなりの紙面を割いたことをお許し願いたい．ここからは，有機ELに関連することがらや，固有なさまざまなことがらについて，さらに詳しく説明してゆく．

2.6 先輩は液晶ディスプレイ

薄型で平面で大画面にもできるディスプレイとして，有機ELディスプレイの先輩は，液晶ディスプレイである．おのれを知るにはまず敵（先輩）を知らねばならない．液晶ディスプレイについてはたくさんの良著が出版されているが[20]-[26]，液晶ディスプレイを勉強するのにもう1冊の本を買っていただくのは申し訳ないので，ここでは，有機ELと比較するという観点から，液晶ディスプレイについて簡単に説明する．

(i) 液晶とは

液体の「液」と結晶の「晶」をとって「液晶」であるから，固体である結晶と液体のあいだの状態が液晶である．液晶の分子は，長細い棒状のカタチをしている．結晶は，分子が，位置も向きも整然とならんだ状態である．液体は，分子が，位置も向きもバラバラの状態である．いっぽう，液晶は，分子が，位置はバラバラだが，向きはそろった状態である．なお，ここで説明する液晶は，液晶ディスプレイで用いられている，ネマティック液晶という種類の液晶である．

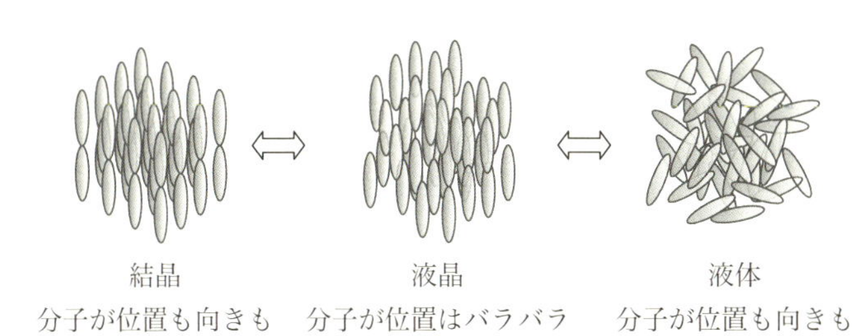

図2・41 結晶と液体のあいだの状態が液晶

液晶ディスプレイでは，液晶の，電気に対する性質と光に対する性質（電気光学特性）を利用する．電気に対する性質としては，電圧をかけると，その方向に分子の向きが変わる．いっぽう，光に対する性質としては，既に説明した光の偏光に関連している．ただし，有機ELの反射を防止するのに利用したのは円偏光という特殊なものだったが，液晶ディスプレイで通常に使うのは，直線偏光という，3D映画でも使われる，ごくふつうの偏光である．光の波の振動の向きが，直線偏光である．液晶に偏光を入れると，液晶の分子の方向に，偏光を回そうとする．これらの性質をたくみに利用したものが，液晶ディスプレイである．

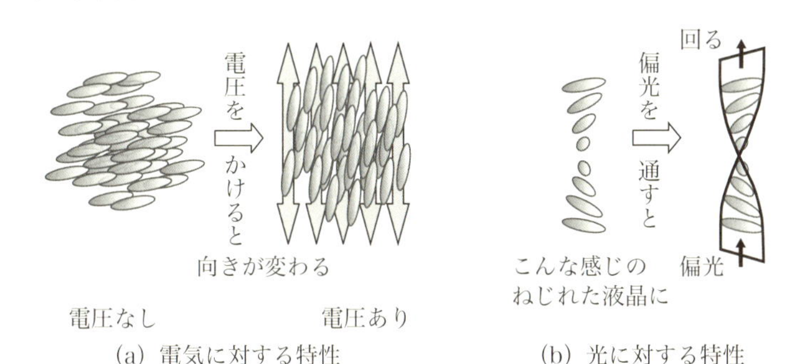

図2・42 液晶の電気光学特性

コラム　ポアンカレ球で偏光の変化をみる

液晶が偏光を回す現象は，専門的にはポアンカレ球というもので表すことができる．ポアンカレ球は，球の表面に，偏光の状態，すなわち，直線偏光か円偏光か，またその振動の向きを割り当てたものである．地球儀に見たてると，インド洋あたりが水平直線偏光，その裏側のガラパゴス諸島にあたるところが垂直直線偏光，ハワイの南に45°方向直線偏光，北極が右まわり円偏光，南極が左回り円偏光となる．日本を含めてそれ以外の場所は，すこしひしゃげた楕円で，円偏光と直線偏光の両方の性質をもつ，さまざまな楕円偏光となる．気をつけなければならないのは，直線偏光の向きは地球儀の経度そのままではなく，その半分である．すなわち，地球儀は一周すれば360°であるが，偏光は一周しても180°である．

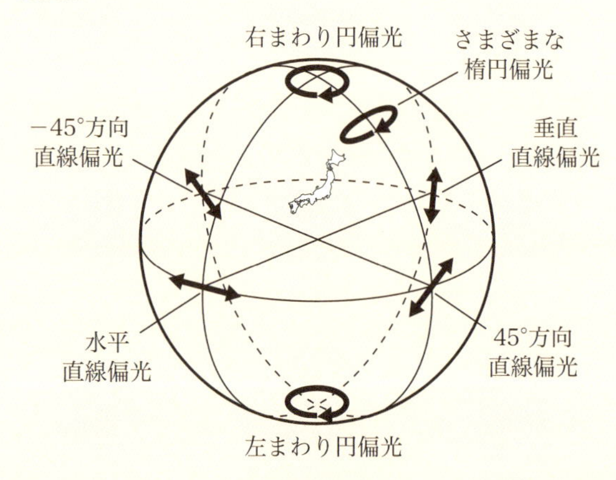

図2・43　ポアンカレ球の表面に割り当てられた偏光の状態

ポアンカレ球の表面に示された偏光が液晶に入射すると，ポアンカレ球に示したその液晶の分子の方向を軸として，偏光が回転する．次図の左側の図は，液晶の分子の方向がかわらないときを示している．この液晶の分子の方向を軸として，水平直線偏光がポアンカレ球の表面を回転して，別の向きの直線偏光になっている．また，次図の右側の図は，光が伝わるにつれて，その経路のうえの液晶の分子の方向がかわるときを示している．ふたたび気をつけなければならないのは，実際には液晶は90°しか回転していないが，ポアンカレ球では180°ほど回転している．このかわりながらの液晶の分子の方向を軸として，さらに偏光が回転している．ここではうまく設計してあって，－45°方向の直線偏光が，45°方向の直線偏光になっている．なお，この液晶の分子の方向がかわるときは，後述のTN液晶にあたり，液晶の分子の方向がかわらないときは，後述のIPS液晶にあたる．

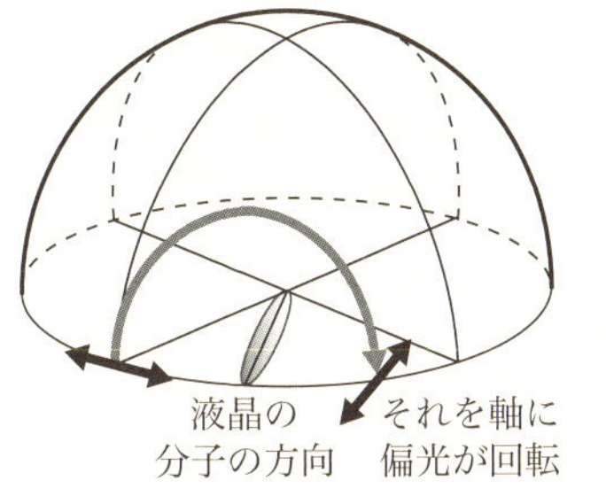

(a) 液晶の分子の方向がかわらないとき

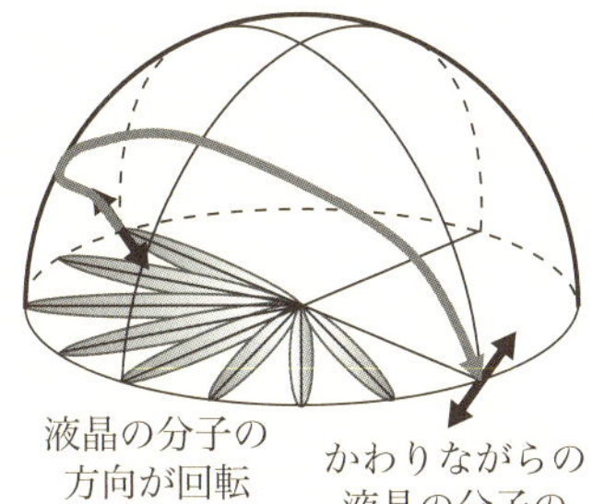

(b) 液晶の分子の方向がかわるとき

図2.44 液晶で偏光の状態が変化

(ii) ツイストネマティック液晶

ツイストネマティック（TN）液晶という方式は，パソコンのモニタやノートPCでよく用いられている．液晶の材料の種類ではなく，パネルの構造，周辺の部材，駆動の方法など，全体のシステムを指す．ねじれたネマティック液晶という意味である．

図2・45に示すように，液晶の上下の基板の内側の表面には，配向膜という膜がある．配向膜には，こするなどの方法で細かい溝が

つくってあり，液晶はこの溝にはまりこむように，分子の方向が溝の向きにそろう．上下の液晶の分子の向きは，90°ずれているので，液晶がねじれている分布が得られる．上下の基板の外側の表面には，偏光フィルタがある．下側の偏光フィルタの向きは，下側の液晶の向きに合わせてある．偏光は液晶のねじれに合わせて回り，上側の基板に届くときには，90°回る．上側の偏光フィルタの向きは，上側の液晶の向きに合わせてあるので，偏光はこの偏光フィルタを通る．すなわち，光がこのツイストネマティック液晶を通ることとなる．

いっぽう，配向膜の裏側には透明電極がある．この透明電極に電圧をかけると，液晶が立ってねじれがほどける．偏光は回らなくなるので，上側の偏光フィルタを通らない．すなわち，光がこのツイストネマティック液晶を通らないこととなる．こうして光の透過の程度をコントロールするのが，ツイストネマティック液晶である．

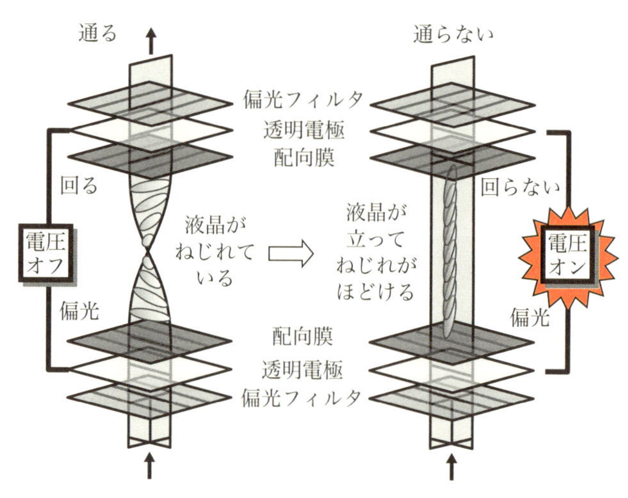

図2・45　ツイストネマティック液晶のしくみ

なお，ここで書いた，電圧をかけないときに光が通る方式を，ノーマリホワイトという．液晶にそれなりの電圧をかけると，ほぼ完全に立つので，光がどれだけ通らないようにできるかは，偏光フィルタだけの性能による．よって，黒表示をほんとうに真っ黒にすることができる．白表示では，偏光がピッタリ90°ねじれていなくても，明るさがわずかに落ちるだけで，必要ならより明るい光を入れればよいだけである．これらの長所から，コントラストを高くできる，ノーマリホワイトがよく使われる．

また，ツイストネマティック液晶では，光がナナメ方向から入ってきたときに，液晶のねじれかたが違って見えてしまう．このため，ぼやけたり，色がズレたりすることもある．

(iii) インプレインスイッチング液晶

インプレインスイッチング（IPS）液晶という方式は，ナナメから見たときにもキレイに見えるので，リビングのソファの端っこに座っても番組を楽しめることから，家庭用のテレビによく使われるようになった．画面を押して液晶の厚みが変わっても表示にあまり影響が出ないので，タッチパネルの搭載にも適していて，スマホにも多く使われている．逆に，画面を押してモヤモヤしていたら，それはツイストネマティック液晶であろう．インプレインスイッチング液晶とは，面内（インプレイン）で光をスイッチングするという意味である．液晶の材料としては，ネマティック液晶と大差ないが，その分子の向きや動かし方が違う．なお，IPS液晶という言葉は20年以上も前にすでに世に出ていたが，ノーベル賞のために今ではiPS細胞のほうが有名になってしまっている．大文字のIか，小文字のiかの，違いがある．

図2・46に示すように液晶は，上から下まで同じ方向を向いている．偏光と液晶の向きが同じであるので，偏光は回らずそのまま上がって

きて，90 °ずれている偏光フィルタで，さえぎられる．いっぽう，下側の基板にのみ，ペアとなっているライン状の透明電極がある．片方に電圧をかけると，液晶に横方向の電圧がかかる．より正確には，液晶と電圧の方向は垂直からは少しずれていて，液晶が回転する．近似的には上から下まで同じように回転する．偏光と液晶の向きが異なることになるので，偏光が回転する．より正確には，いったん楕円偏光を経て，おおよそふたたび直線偏光となって上がってくる．偏光の向きと偏光フィルタの向きが完全に一致しなくとも，少なくともかなりの光が通る．こうして光の透過の程度をコントロールするのが，インプレインスイッチング液晶である．

インプレインスイッチング液晶では，電圧をかけないときに光が通らない，ノーマリブラックという方式をとる．電圧をかけないときには，液晶の向きがピッタリと揃うので，真っ黒にすることができるからである．

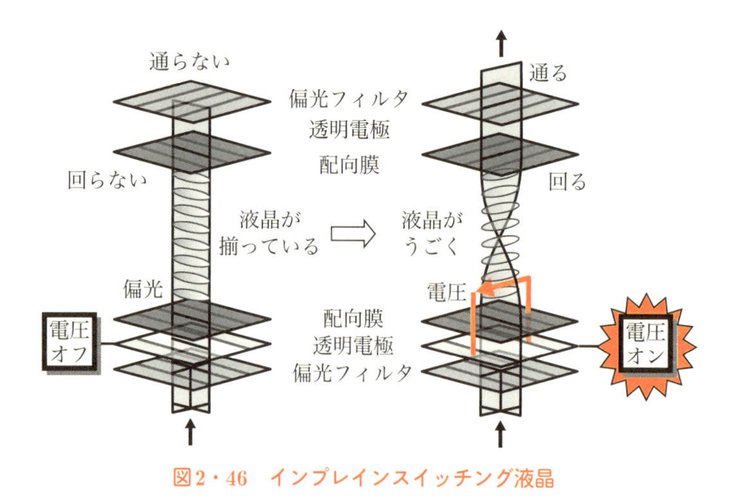

図2・46　インプレインスイッチング液晶

(iv) アクティブマトリクスで画像を表示

有機ELのところで説明したのと同じように，液晶の画素を行列上に並べて，ひとつひとつの光の通る通らないをコントロールすれば，ディスプレイになる．ここでは，アクティブマトリクス方式についてのみ説明する．

有機ELと違って，液晶では，電流を流す必要がないので，駆動トランジスタは必要ない．電圧はかけなければならないから，スイッチトランジスタは必要である．ただし，液晶の場合は，ひとつの画素に薄膜トランジスタはひとつだけなので，わざわざスイッチトランジスタとは呼ばず，ふつうに画素の薄膜トランジスタである．

通常は，基板の上に薄膜トランジスタを作製し，その上に透明電極を作製し，さらにその上に配向膜を作製する．配向膜は液晶の分子の向きを定めるために，液晶に接しなければならないのでいちばん上となり，透明電極によりかけられる液晶の分子を動かすための電圧は，必ずしも密着してなくても届くが，やはり近いほうが良いので，配向膜のすぐ下に設けられるわけである．

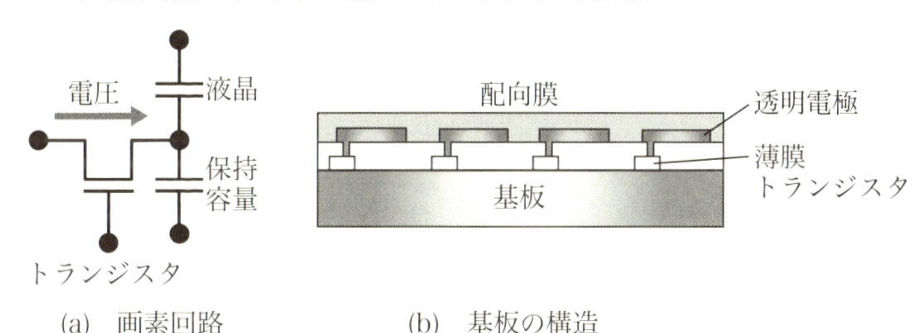

図2・47 アクティブマトリクス方式の液晶ディスプレイの画素回路と基板の構造

走査線や信号線などの構造や，電圧のかけかたなどについては，アクティブマトリクス方式の有機ELディスプレイで説明したのと，まったく同様である．もちろん，歴史の順序としては，液晶ディスプレイで研究と開発が進んだものであって，それをそのまま有機ELディスプレイに使うことができたのである．液晶ディスプレイで完成されていたさまざまな技術を使うことができたことが，有機ELディスプレイの開発がスピーディであったひとつの理由であろう．

(v) バックライトで照らしてカラーフィルタで色づけ

ここまで書いたとおり，液晶は光を発するわけではなく，光の通る通らないをコントロールするだけである．そこで，光を発するバックライトが必要となる．蛍光灯には熱陰極管というものが使われているが，バックライトには，それと動作原理の似た，冷陰極管というものが使われてきた．現在は，技術の進歩により，より高効率・低電圧・長寿命・低価格となった発光ダイオード（LED）が使われている．液晶ディスプレイの裏面に，例陰極管やLEDを並べることもあれば，周囲の辺に配置して，導光板とよばれる光を導く部品を用いることもあるが，いずれにせよ液晶ディスプレイの裏面に面状に光る光源を置く．また，通常は，明るさや光が発せられる向きのムラをならすために，いろいろな光学フィルムを設ける．

例陰極管はもともと白色であるし，LEDも赤と緑と青または黄と青を使うことで，面状の光源はふつう白色である．そこで，カラーの画像をつくるために，画素ごとに赤と緑と青の色を帯びた，カラーフィルタを設ける．白色の光をこのカラーフィルタにあてると，該当する赤と緑と青の光だけを通し，それ以外の光は吸収される．色セロハンみたいなものである．

通常は，カラーフィルタは，薄膜トランジスタが作製されている基板ではないほうの基板に作製する．基板の上にカラーフィルタを作製し，その上に透明電極を作製し，さらにその上に配向膜を作製する．離れていても光はやってくるので，カラーフィルタは液晶から離れていてもわずかならば問題なく，基板の液晶に近い位置は透明電極や配向膜に譲っているかっこうになっている．

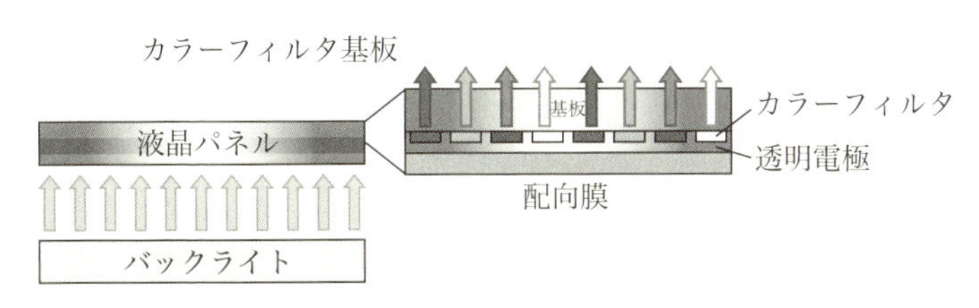

図2・48　液晶ディスプレイのバックライトとカラーフィルタ

2.7　液晶 vs 有機EL

(i)　構造を比べると

液晶ディスプレイと有機ELディスプレイを比べてみよう．まずは構造を比較すると，図2・49に示すように液晶ディスプレイでは多くの基板やフィルムが必要であることに対して，有機ELディスプレイでは少しの基板やフィルムで十分である．封止層がちょっとうっとうしいが，膜封止であれば有機EL基板のうえに作り込める．そうすると，必ず必要とされる構造は，有機EL基板と偏光フィルムのたった2層ということになる．

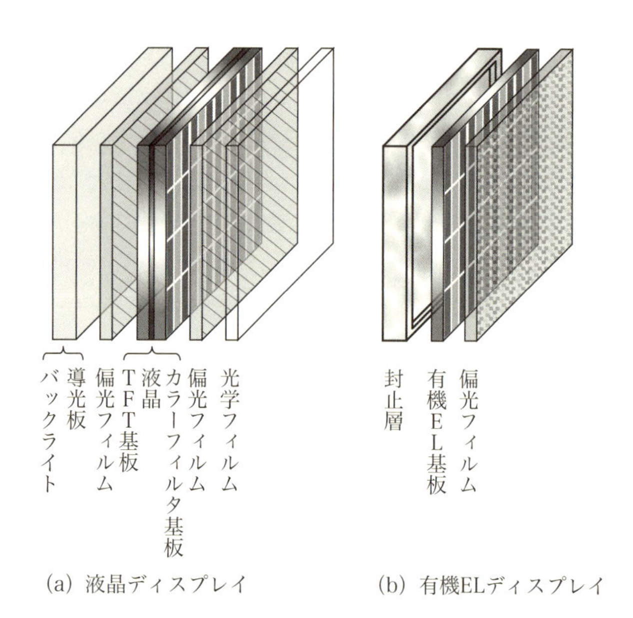

(a) 液晶ディスプレイ　　(b) 有機ELディスプレイ

図2・49　液晶ディスプレイと有機ELディスプレイの構造

(ii)　特徴を比べると

液晶ディスプレイと有機ELディスプレイの構造の違いや，これまで説明してきた材料や動作の違いにもとづいて，液晶ディスプレイと有機ELディスプレイの特徴を比べてみよう．表2・1は，材料・構造・動作の特徴と，それによる最終的なディスプレイの特徴についてまとめてある．

最も根本的な違いは，自ら発光するか，そうでないかであろう．液晶ディスプレイは非発光なので，バックライトが必要となり，導光板などもあわせて，全体の構造が厚くなり，曲げることが難しくなる．偏光フィルムで光の量は半分になるし，カラーフィルタで1/3になるし，そのほかもろもろで，もともとのバックライトの光の10%以下しか，わたしたちの目には届かない．逆に言えば，それなりの明るいディスプレイにするためには，バックライトはとんでもない明るさでなければならないということになる．液晶テレビから液晶パネルを取り除いてバックライトだけにすれば，それはあなたの部屋で最も明るい照明となるだろう．すなわち，たくさんの電力を消費していることになる．いっぽう，有機ELディスプレイは自発光なので，バックライトは不要となり，全体の構造が薄くなり，曲げることが易しくなる．発光を直接に見ることとなるので，電力のムダを省くことのできる可能性は

表2・1　液晶ディスプレイと有機ELディスプレイの特徴

液晶ディスプレイ		有機ELディスプレイ
非発光・透過型 ⇒ バックライトが必要 ⇒ 厚く・曲げが難しい・大電力 光漏れがある ⇒ 黒表示が白ける ナナメから見るとおかしな画像に (最近はほとんど問題ない)	発光 or 非発光	自発光 ⇒ バックライトが不要 ⇒ 薄く・曲げが易しい・省電力（?） つけなければつかない ⇒ 黒表示が真っ黒 原理的にナナメから見ても問題ナシ
セル構造（2枚の基板で挟む）⇒ 厚く・曲げが難しい	デバイス構造	薄膜構造 ⇒ 薄く・曲げが易しい
分子が動く ⇒ 低速 ⇒ 応答が遅い・動画が苦手	分子 or 電子	電子とホールが動く ⇒ 高速 ⇒ 応答が速い・動画が得意
電圧で駆動 ⇒ 経時劣化が遅い ⇒ 寿命が長い	電圧 or 電流	電流で駆動⇒ 経時劣化が速い ⇒ 寿命が短い
部品が多い ⇒ 個々の部品の改善がすすめやすい 製造企業が多く競争がすすむ たくさんの雇用が得られる	部品の数	部品が少ない ⇒ 値段が安くなる可能性がある
長い　亀の甲より年の劫	開発の歴史	ディスプレイの開発の歴史は短く何か大事なことを見落としているかも

ある．しかしながら，そもそも液晶ディスプレイのバックライトのLEDの効率と，有機ELの効率と，どっちがよいかという問題もあるし，後述の光取り出し効率の問題もあるので，現実的に省電力となるかどうかは，今後の技術開発にかかっている．実際いまのところは，液晶と有機ELと，消費電力はよい勝負をしているようである．

液晶ディスプレイのバックライトは，ふつうはいつもあかりがついているから，わずかながら光漏れがある．いっぽう，有機ELディスプレイは，光らせなければ光らないので，黒表示が真っ黒になる．テレビ番組ならあまり関係ないが，映画の暗いシーンで目の肥えた監督でも満足のゆく映像が得られる．ただし，まわりの光の映り込みを，前述の偏光フィルタで抑え込んでいることが必要である．過去においては，液晶ディスプレイをナナメから見ると，色がズレたり明るさが反転したりという問題があった．どこまでナナメから見ても正常に見えるかという角度を，視野角という，最近では，ツイストネマティック液晶でも光学フィルムをうまく使ったり，インプレインスイッチング液晶を使ったりすることで，視野角の狭さはほとんど問題なくなっている．いっぽう，有機ELディスプレイは，発光をそのまま見るので，原理的にナナメから見ても問題ナシである．

デバイス構造としては，液晶は，2 枚の基板で液晶を挟んだ，セル構造をとる．そのため，全体として厚くなる．また，液晶は形状としては液体であって，その厚さ，すなわち2 枚の基板の間隔は一定に保たなければならない．そこで，ふつうは，ガラスなどの固い基板を用いる．プラスティックなどの曲がる基板を使おうと思うと，その間隔を一定に保つのには，さまざまな新しい技術が必要となる．いっぽう，有機ELは，薄膜構造である．そのため，きわめて薄くできる可能性がある．有機材料も透明電極も陰極電極も，すべて曲げやすい材料でできていて，曲がるディスプレイを作ることが比較的に易しい．

動いているものが何かというみかたをすると，液晶ディスプレイでは，分子が動いてその向きを変える．これには数ミリ秒かかる．いっぽう，有機ELでは，電子とホールが動く．分子と電子の質量の差は1 000倍以上あるので（それだけが原因ではないが），有機ELの動作のほうが圧倒的に速く，実際にマイクロ秒とかナノ秒とかになる．このため，秘めたる能力としては，動画をクッキリと表示できる可能性がある．ただし，ディスプレイとしての表示の速さは，液晶や有機ELといった表示素子の能力ではなくて，配線やトランジスタがどれだけ信号を速く伝えるか，あるいは，映像のシステムとして，1秒間に何回の画面の書き換えを行うかで，今は決まっている．通常のテレビでは，1秒間に60回しか書きえない．1秒/60回=16.7ミリ秒であるから，これ以上に液晶や有機ELが速くても，実はあまり意味はない．最近では，2倍速や4倍速のテレビも出てきているが，それでも表示素子をマイクロ秒で動かすほどのことは必要とされない．それ以上の速さで画面の書き換えを行うには，画像信号の信号処理も現時点では追いついていないし，そもそもディスプレイでそれ以上に速くても，人が見てわかるか，という考えもある．ただし，今後にどのような方式のディスプレイが登場するかわからないので，この圧倒的な速さが意味を持ってくる可能性もあるであろう．

液晶は電圧で動かす．電流は流れないので，要するに顕微鏡的に見ても静かな状態で，何かが壊れることはない．よって，時間とともに特性が悪くなっていくことはない，すなわち，経時劣化が起こらないので，寿命は長い．液晶ディスプレイの寿命は，液晶ではなく，主に薄膜トランジスタのほうで決まる．いっぽう，有機ELは電流で光らせる．ふつう電流が流れるものは，やがて壊れる．電球のフィラメントも切れるし，蛍光灯もやがてパカパカするようになる．つまり，有機ELは，経時劣化が速く，寿命が短い．有機ELディスプレイを搭載したスマホの画面が，使わないとあっという間に暗くなるのは，経時劣化を抑えるためである．有機ELに流す電流は，薄膜トランジスタが供給するものであるから，薄膜トランジスタにもずっと電流が流れることとなり，薄膜トランジスタの経時劣化も，液晶ディスプレイと比べると，より問題となりやすい．

図2・49のとおり，部品点数は，有機ELディスプレイのほうが少ない．これは，組み立てにかかる費用（コスト）などを考えると，値段が安くなる可能性がある．いっぽう，液晶ディスプレイは，部品点数が多い．これは，短所と思われるいっぽうで，長所になるところもある．すなわち，液晶ディスプレイでは，必要とされる役割をさまざまな部品に割り振ってあるので，それぞれの部品だけで特性の改善を進めやすい．何か新しい技術が出てきたら，その部品だけサクッと代えることができる．また，さまざまな部品に対して製造企業が多くあるため，技術競争や価格競争も進みやすい．しばらく前に，プラズマディスプレイが世界で数社という寡占状態になったが，それ以上の技術開発が進まず，あっという間にすたれてしまった．有機ELはそうならないでいただきたいものである．

液晶ディスプレイの歴史は，シャープが電卓に搭載した1973年から，40年以上がたっている．いっぽうで，有機ELディスプレイの歴史は，20年ほどである．歴史が長いということはそれ自体でも意味があって，実際に今も使われている技術からそうでない技術まで（使えない技術も使えないことを明らかにしないと，それがわからない），技術のすそ野が広くなる．有機ELディスプレイが短い開発の歴史で大きな成果が得られているのは，ひとつには液晶ディスプレイの技術がかなり使えたことによるであろう．ここでは「液晶 vs 有機EL」と，対決をあおってしまったが，それぞれの技術者が力を合わせて，いずれにせよ究極のディスプレイを目指して，研究開発をすすめてゆくとよいであろう．

2.8 低温多結晶シリコン薄膜トランジスタ

アクティブマトリクス方式の有機ELディスプレイでは，薄膜トランジスタを用いる．主流は，低温多結晶シリコン薄膜トランジスタ（Low Tmeperature Polycrystalline Silicon Thin-Film Transistor，LTPS TFT）である[27]．

(i) デバイスの構造と動作

低温多結晶シリコン薄膜トランジスタは，図2・51に示すようにトランジスタのなかで電流が流れる部分であるチャネル領域に，低温の製造の方法で作製した多結晶シリコンを使っている薄膜トランジスタである．まず，チャネル領域を電子が流れるタイプの，n型トランジスタについて，説明する．基板のうえにその多結晶シリコンの薄膜があり，そのうえに絶縁膜があり，さらにそのうえに電極がある．この電極がゲート電極で，絶縁膜は，ゲート電極を絶縁しているので，ゲート絶縁膜とよぶ．チャネル領域の両端には，n型半導体でつくられた，ソース領域とドレイン領域がある．チャネル領域とソース領域やドレイン領域のあいだには，ドーパントの量が少なめの，ライトリードープドレイン（Lightly-Doped Drain，LDD）領域がある．ソース領域とドレイン領域は，それぞれ，ソース電極とドレイン電極につながっている．

ゲート電極にプラスの電圧をかけると，プラスの電圧に引っ張られて，チャネル領域にマイナスの電子が発生する．なお，ゲート電極の影響を強く及ぼすために，ゲート絶縁膜は薄いほうがよい．発生した電子は，もともとソース領域やドレイン領域やLDD領域にあった電子とつながって，チャネル（＝英語で海峡）をつくり，ソース電極とドレイン電極のあいだに電子が流れて，電流が流れる．なお，LDD領域は，電圧の影響を緩和して，電子が異常なスピードで半導体のなかを走って，正常な構造を壊さないようにするための工夫である[28]．

いっぽう，p型トランジスタでは，p型半導体でつくられたソース領域とドレイン領域がある．ゲート電極にマイナスの電圧をかけると，マイナスの電圧に引っ張られて，チャネル領域にプラスのホール

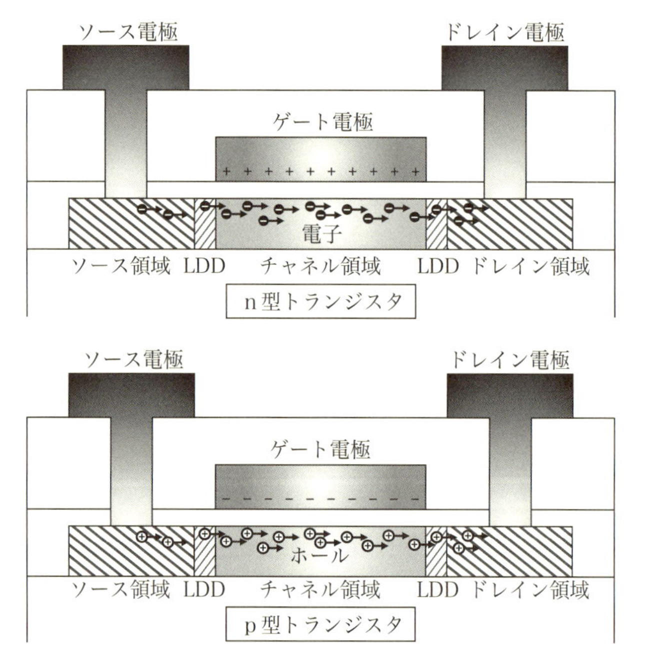

図2・50　低温多結晶シリコン薄膜トランジスタのデバイス構造と動作原理

が発生する．発生したホールは，ソース領域やドレイン領域やLDD領域にあったホールとつながって，チャネルをつくり，ソース電極とドレイン電極のあいだにホールが流れて，やはり電流が流れる．

(ii)　作製の方法

有機ELディスプレイのための薄膜トランジスタであるので，プラスティック基板はもちろん，ガラス基板であっても，通常の半導体の作製の方法よりは，かなりの低温で作製しなければならない．ガラスの場合は，400 ℃を超えると変形してしまうので，それ以下の温度で作製しなければならない．

低温多結晶シリコン薄膜トランジスタでは，まず，ガラス基板のう

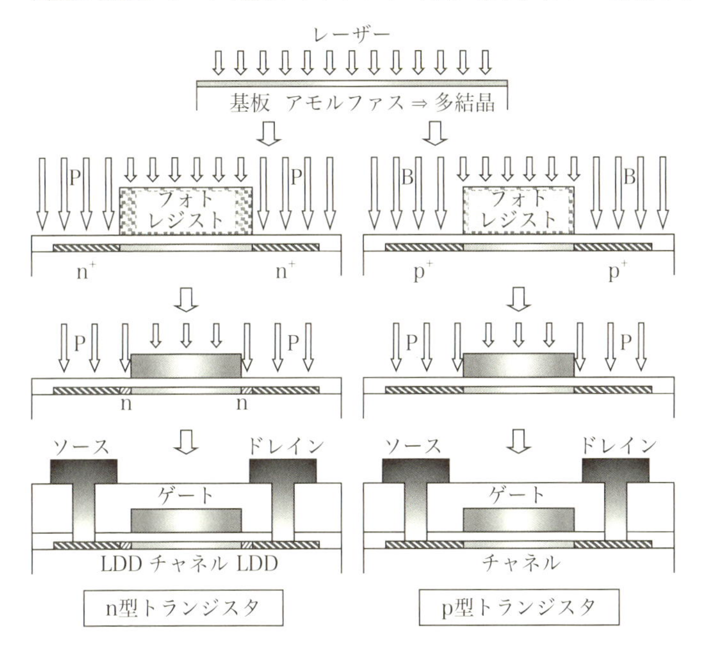

図2・51　低温多結晶シリコン薄膜トランジスタの作製方法

えに，プラズマCVDという方法で，アモルファスシリコンの薄膜を成膜する．アモルファスとは非晶質（結晶になっていない）という意味で，要するに原子の配置がぐちゃぐちゃになっている．そこでは電子はスムースに流れないので，トランジスタとしておおきな電流を流すことができない．そこで，レーザーをあてて，一瞬だけ（数十～数百ナノ秒）シリコンの融点（1 400 ℃）まで熱して，冷ましてやると，結晶になる．通常の半導体のトランジスタではシリコンは全体がひとつの結晶，すなわち単結晶となるが，薄膜トランジスタのレーザーによる結晶化では，細かい（数十～数百ナノメートル）結晶の集まりなので，多結晶という．

コラム　アモルファスと多結晶

プラズマCVDなどで基板のうえにつけた薄膜は，うえから原子や分子がひょろひょろと落ちてきて表面にくっつくので，規則的な配置になることはなく，アモルファスとなる．いちど溶けて固まると，身近な例では氷などもそうであるが，結晶になる．

つぎに，多結晶シリコンの薄膜を，通常のフォトリソグラフィの方法で，望むカタチにパターニングする．ほとんどの部分は不要で，トランジスタとして残す必要な面積はわずかな島状であるので，アイランド化ともいう．

さらに，やはりプラズマCVDという方法で，酸化シリコン（SiO_2）の薄膜を成膜する．酸化シリコンは，アモルファスならば一般のガラスであり，結晶ならばクォーツすなわち石英や水晶とかクリスタルとかよばれる．たいへんよい絶縁体（電流がまったく流れない）であって，そのためゲート絶縁膜として使う．

そのあと，フォトレジストでそうしたくないところを覆って，覆っていないところに，リン（元素記号 P）やホウ素（元素記号 B）のイオンを打ち込む．より詳しくは，べつのところで，ホスフィン（PH_3）やボラン（BH_3）といったガスを放電で分解して，それによって生じたリンやホウ素のイオンを，電圧をかけることで基板へと導いて打ち込む．打ち込まれたリンやホウ素は，やがてシリコンの結晶のなかに取り込まれ，ドーパントとなる．リンはドナーとなり電子を発生させてn型半導体をつくり，ホウ素はアクセプタとなってホールを発生させてp型半導体をつくる．なお，Pを打ち込んでn型半導体なので，間違えないように．

つぎに，スパッタリングで金属の薄膜を成膜して，パターニングしてゲート電極とする．そのうえから少しだけリンを打ち込んで，LDD領域をつくる．p型半導体にもリンは打ち込まれるが，わずかな量であるのでp型半導体であることにかわりはない．

そして，ふたたび酸化シリコンを成膜し，コンタクトホールあるいはビアホールとよばれる穴をあける．スパッタリングで金属の薄膜を成膜してパターニングしてソース電極とドレイン電極とする．ゲート電極やソース電極とドレイン電極は，アクティブマトリクス方式における走査線と信号線やそのほか必要な配線にも用いられる．ディスプレイは低コスト化が重要なので，別に配線のための金属層をお金をかけて設けるようなことはしない．

このうえに，すでに説明したやりかたで，透明電極と有機薄膜と陰極電極など，有機ELをつくってゆけば，有機ELディスプレイの完成となる．

(iii) トランジスタの特性

こうして作った低温多結晶シリコン薄膜トランジスタを流れる電流の値は，トランジスタの物理によると，近似的に，次の式で表される．この本で数式が出てくるのは，唯一ここだけであるので，お許し願いたい．

$$I_{ds} = k\left[\left(V_{gs} - V_{th}\right)V_{ds} - \frac{1}{2}V_{ds}{}^{2}\right] \tag{1}$$

$$I_{ds} = \frac{1}{2}k\left(V_{gs} - V_{th}\right)^{2} \tag{2}$$

ここで，I_{ds}はソースとドレインのあいだを流れるドレイン電流，V_{gs}はゲート電極にかけるゲート電圧，V_{ds}はドレイン電極にかけるドレイン電圧，V_{th}はトランジスタごとにある値をもつしきい値電圧，kはトランジスタの材料や構造できまる定数である．特に覚えておいていただきたいのは，いずれの式にも，V_{gs}-V_{th}が含まれていることから，$V_{gs} > V_{th}$となってはじめてI_{ds}が流れるということである．

式だけではわかりにくいので，グラフを図2・52に示す．n型トランジスタとp型トランジスタの特性を重ねて書いてある．伝達特性とは，V_{gs}とI_{ds}との関係，出力特性とは，V_{ds}とI_{ds}との関係のことである．WとLは，トランジスタのサイズを示す．n型トランジスタでは，V_{gs}が正の値で大きくなるとI_{ds}が大きくなり，p型トランジスタでは，V_{gs}が負の値で大きくなるとI_{ds}が大きくなり，すでに説明した動作のとおりであることがわかる．μ（ミュー）は移動度というパラメータで，トランジスタとしての実力を示すものである．ここでは，n型トランジスタでμ=120 $cm^{2}V^{-1}s^{-1}$，p型トランジスタでμ=40 $cm^{2}V^{-1}s^{-1}$であった．低温多結晶シリコン薄膜トランジスタでは，まあだいたいこんな感じである．

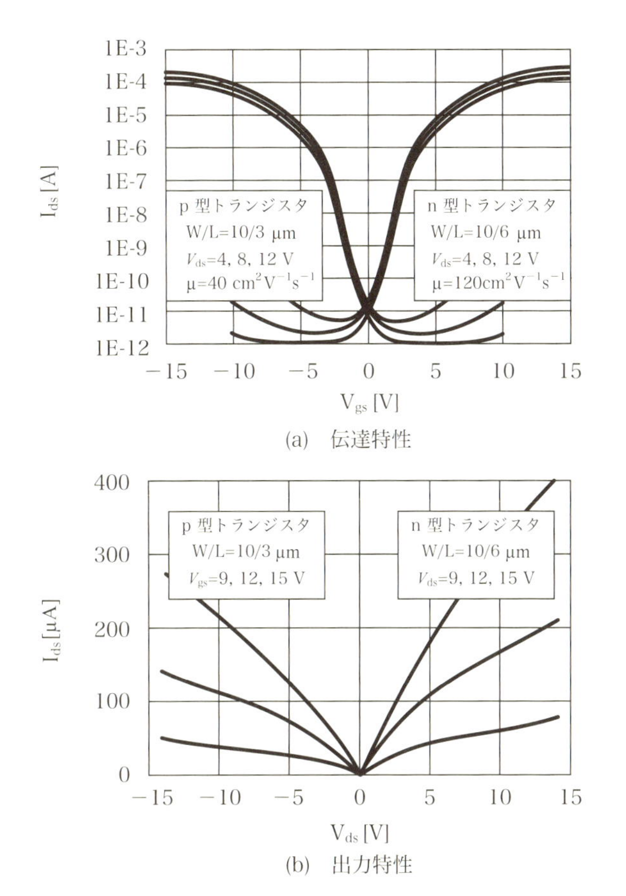

(a) 伝達特性

(b) 出力特性

図2・52 低温多結晶シリコン薄膜トランジスタのトランジスタ特性

このトランジスタ特性の薄膜トランジスタを，画素回路に組み込めば，すでに説明したとおりの動作をして，アクティブマトリクス方式の有機ELディスプレイができあがるわけである．

2.9 特性のバラツキと変動をなんとかするには

ここまで，薄膜トランジスタやアクティブマトリクス方式の画素回路について，せっかく勉強してきたのであるが，実は実際に使われている画素回路は，もう少し複雑である．なぜなら，現実の薄膜トランジスタや有機ELはピッタリ理論どおりではなく，素子ごとにバラツキがあったり，時間とともに特性が変動したりするからである．これに関して詳しくみてゆこう．

(i) 輝度ムラと焼きつき

有機ELに，同じ電圧をかけても，同じ輝度にならないことがある[29]．有機ELディスプレイの画素ごとにこの問題が起これば，一様な画面を表示していても，輝度ムラが発生してしまう．また，光らせれば光らせるほど，特性が劣化して，暗くなってしまうことがある．これは，たとえば有機ELディスプレイに同じアイコンを表示させつづけていれば，そのアイコンのところのみ特性が劣化してゆく．アイコンを表示させたままであれば，あまり気づかれることはないが，アイコンを消して一様な画面を表示していても，アイコンのかたちで暗いパターン，すなわち，焼きつきが発生してしまう．

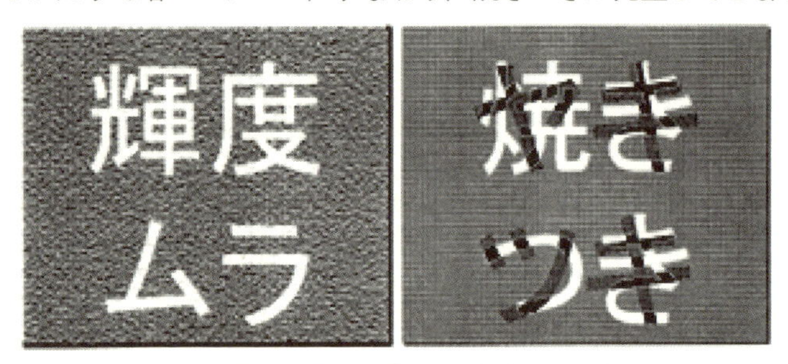

図2・53 有機ELディスプレイの輝度ムラと焼きつき

この輝度ムラや焼きつきの現象は，同じ電圧をかけても，同じ輝度にならないことに起因している．これはなぜなら，同じ電圧をかけても，界面が悪くなってそこに余分な電圧が必要となれば，有機ELにかけることのできる電圧が減ってしまうなどの現象が起こるからである．いっぽうで，同じ電流を流せば，おおよそ同じ輝度になる．これはなぜなら，同じ電流を流せば，同じ数の電子とホールが再結合して，おおよそ同じ量の光が発生するからである．

(ii) パッシブマトリクス方式での補償方法

パッシブマトリクス方式では，輝度ムラや焼きつきがあっても，それをわからなくさせるため（補償）の方法は，わりと簡単である．パッシブマトリクス方式については説明したが，そこで信号線に入れる電圧の信号を，電流の信号にすればよい．つまり，アナログ電圧の信号ではなく，アナログ電流の信号にすればよい．ただし，アナログの電流の発生源をつくるのは，不可能ではないが，精度のよいものを安く作るのは難しい．そこで，一定電流の発生源をつかって，そのパルス幅をアナログ的に変化させて，輝度をコントロールすればよい[30]．

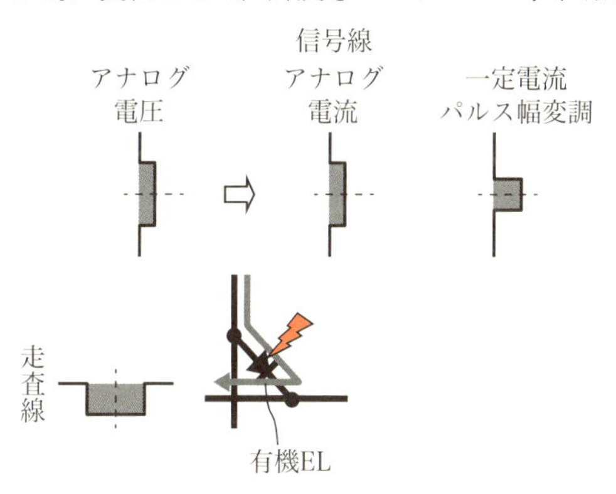

図2・54 パッシブマトリクス方式での補償方法

ⅲ　電圧プログラム方式でしきい値電圧の変動を補償

アクティブマトリクス方式では，輝度ムラや焼きつきの補償の方法は，よりたいへんである．有機ELのみならず，薄膜トランジスタの特性のバラツキや劣化もあり，また，画素のなかにアナログ電流をつくる回路を薄膜トランジスタでつくることもかなりチャレンジであるからである．

まずは，薄膜トランジスタの特性，特にしきい値電圧V_{th}に変動がある場合を考える．この本に出てきた唯一の式によれば，薄膜トランジスタを流れる電流（＝有機ELを流れる電流）は，V_{gs}-V_{th}によって決まる．そこで，もし，V_{th}が変動して$V_{th}+\Delta V_{th}$になってしまったら，V_{gs}を$V_{gs}+\Delta V_{th}$とすることができれば，$(V_{gs}+\Delta V_{th})-(V_{th}+\Delta V_{th})=V_{gs}-V_{th}$となるので，変動のまえと同じ電流を流すことができる．

これを実現することのできるのが，一般に，電圧プログラム方式とよばれているものである[31],[32]．その一例を図2・55に示す．なお，ここで使われている薄膜トランジスタは，すべてp型トランジスタである．

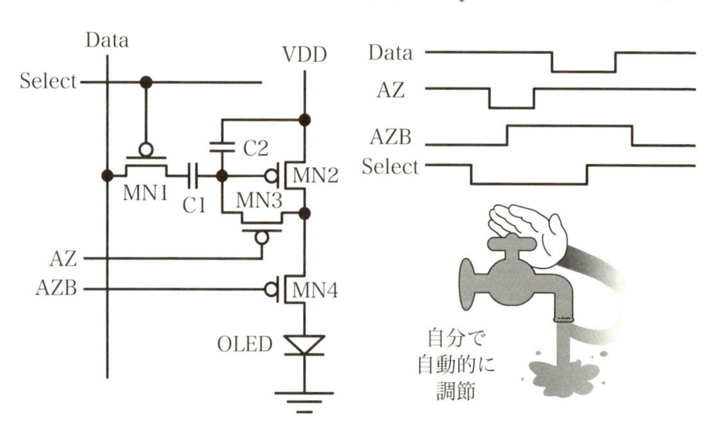

図2・55　電圧プログラム方式の画素回路と駆動信号

まず，MN3がスイッチオンとなり，VDDからMN2を通じて電流が流れて，C2を充電する．この充電はMN2がスイッチオフとなるまで，すなわち，MN2のゲート電圧が$V_{gs}=V_{th}$となるまで続く．このV_{th}はC2にメモリーされる．そのあと，MN1がスイッチオンとなり，C1を通じて信号線からの画像の信号がMN2のゲート電圧に伝えられる．すなわち，MN2のゲート電圧は，自分自身のV_{th}に信号が加えられたものとなる．よって，MN2のV_{th}がどのように変動しても，かならずそのV_{th}プラス信号の電圧がゲート電圧に加えられるため，V_{th}にかかわらない電流が流れ，その電流が有機ELに流れてゆく．

はじめてこの方式が世に出て以来，まさに山ほどその改善案が発表されている．スマホに搭載されている有機ELも，この方式である．

(iv) 電流プログラム方式でいろいろと補償

より厳しくみると，薄膜トランジスタのしきい値電圧V_{th}だけではなく，移動度や，さらには，有機ELの特性の変動もある．それらを一気に補償してやろうというのが，電流プログラム方式である[33]．その一例を図2・56に示す．

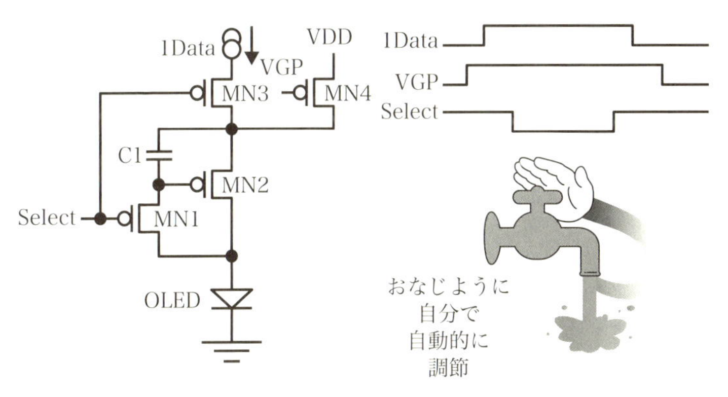

図2・56 電流プログラム方式の画素回路と駆動信号

電流プログラム方式では，信号線からの信号は，電圧ではなく電流として流れ込んでくる．まず，MN1とMN3がスイッチオンとなり，信号線からの電流は，回り込んで，C1を充電する．目的の電流の値より大きければ，過剰の電流はC1をさらに充電し，MN2のゲート電圧を変化させて，MN2を流れる電流の値を小さくする．逆に，目的の電流の値より小さければ，C1は有機ELを通じて放電し，MN2のゲート電圧を変化させて，MN2を流れる電流の値を大きくする．要するに，MN2が自分自身の電流で自分自身の電圧をオートマティックに決めて，目的の電流が有機ELに流れるようになるわけである．

ただし，この動作はいささか時間がかかり，画素の数の多いディスプレイでは間に合わないことが問題であった．そこで，それを改善する方法も提案されている[34]．

コラム　モノの名前のつきかた

周期表はくわしくは元素周期表であるが，略すならば意味的には元素表と略されるべきと思われるが，慣用的には「周期表」と略される．ほかにも周期的な現象は世のなかにたくさんあるので，周期表だけでは何のことだかあいまいである．凹版印刷が「グラビア印刷」とよばれるのは，昔の会社名に由来するらしく，また，雑誌の写真のページをグラビアとよぶのはグラビア印刷で刷られていた名残らしいが，今はほとんど違う印刷方法となり，凹版印刷をグラビア印刷とよぶのはすでにおかしい．後述の「蛍光」は蛍の光に由来し，「燐光」はリンの燃焼に由来するが，特に後者はまったく違う現象である．これらの名称は，専門家たちが自分たちのあいだで使っていたものが一般的に使われるようになったもので，だからこそより大きい分野のなかでは，不自然な名称になっている．たぶん「確定申告」もそうで，これだけでは税金のことだかどうかわからない．

有機ELの応用

ここからは，まず，現在も研究が進められている有望な技術，将来の発展が期待されている新しい技術などについて，紹介する．そして，これらの技術が実現されたのちに想定することのできる，今後の有機EL応用について考える．

3.1　発光効率アップ！

同じ電力を投入してもより明るく光るために，また，同じ明るさならばより低い電力とするらめに，発光の効率をアップすることが大切である．明るい画面で電池の持ちが良いスマホができるし，国のレベルだと原発のひとつくらい減らせるかもしれない．

(i)　発光効率の計算式

有機ELの発光効率には，定義によって，いくつかの種類がある．

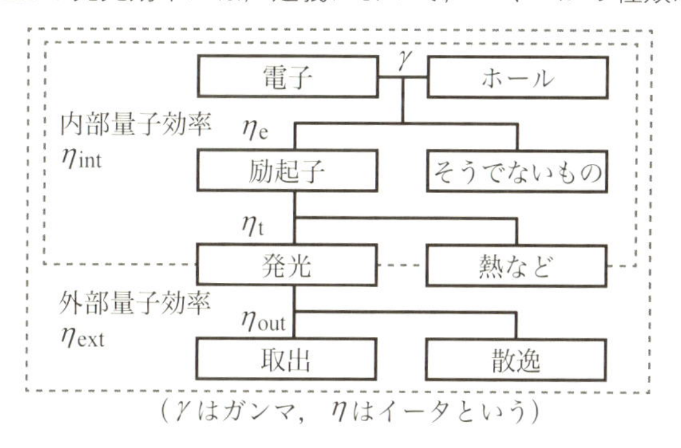

図3・1　有機ELの発光効率

[内部量子効率]

有機ELに注入される電子の数（≒ホールの数）に対する，有機ELの内部で発生する光の粒子（光子）の数のことを，内部量子効率と定める．内部量子効率は，次の式で表される．（意に反してまた式がでてきてしまったが，簡単な式なのでお許し願いたい）

$$内部量子効率\ \eta_{int} = \frac{発生する光子の数}{注入される電子の数} = \gamma \cdot \eta_e \cdot \eta_t \qquad (1)$$

ここで，γは注入バランス因子といって，注入された電子やホールの再結合の割合である．エネルギバンド構成の工夫（電子がホールのカーテンに突っ込んでゆくイメージ）によって，いずれ電子とホールは再結合するので，γはほぼ100 %である．つまり，注入される電子の数とホールの数は等しい．η_eは励起子生成効率といって，再結合した電子とホールから，励起子のなかでも発光につながるものが生成される割合である．後述の蛍光材料では25 %しかないが，燐光材料や熱活性型遅延蛍光材料ならば，もっと上がる．η_tは発光量子効率といって，励起子が熱などで失われることなく，実際に発光につながる割合である．η_tもほぼ100 %である．これらの値を代入すると，蛍光材料では，最大値はη_{int}=25 %となる．

[外部量子効率]

有機ELに注入される電子の数に対する，外部に放出される光子の数のことを，外部量子効率と定める．量子などという難しい言葉を使っているが，内部量子効率に，光がどれだけ取り出せるかを掛け算しただけである．

$$外部量子効率\ \eta_{ext} = \frac{放出される光子の数}{注入される電子の数} = \eta_{int} \cdot \eta_{out} \qquad (2)$$

ここで，η_{out}は光取り出し効率といって，有機ELの内部で発生する光子が，外部に放出される割合である．実はこのローテク（でもないのですが）な光取り出し効率が意外にくせもので，η_{out} は30 %程度しかない．これらの値を代入すると，η_{ext}=7.5 %となる．

[エネルギ効率]

注入される電子は電流であるからエネルギであり，また放出される光子もエネルギを持っている．注入される電流のエネルギに対する，放出される光子のエネルギのことを，エネルギ効率と定める．

$$\text{エネルギ効率}\ \eta_{energy}=\frac{\text{放出される光子のエネルギ}}{\text{注入される電子のエネルギ}}=\eta_{ext}\cdot\frac{\varepsilon_p}{eV}\ (3)$$

ここで，ε_p は光子の1個ぶんのエネルギで，緑色の光で波長が500 nmならば電圧に換算すると2.5 Vにあたる．V は有機ELにかける電圧で，電子のもっているエネルギにあたる．これらの値を代入すると，$\frac{\varepsilon_p}{eV}=\frac{2.5}{5}=50$ %となり，$\eta_{energy}=3.75$ %となる．光学の世界では光の単位としてルーメン[Lm]を用いるが，それを用いると $\eta_{energyt}=26\ \mathrm{Lm\cdot W^{-1}}$ となる．この単位は，しばしば，発光するものの明るさの比較に用いられる．

なお，上記の効率に加えて，これはあまり気づいていないかたも多いが，電流は有機ELだけではなく，薄膜トランジスタにも流れるので，薄膜トランジスタで消費される電力もある．これはすべてジュール熱となって失われてしまう損失である．既に述べた輝度ムラや焼きつきをうまく補償する方式では，薄膜トランジスタにかかる電圧がわりと大きく，消費する電力も大きくなってしまう．有機ELや薄膜トランジスタそのものの特性のバラツキや経時劣化を抑えて，補償する回路を簡略化するか，あるいは新しい補償の方式を見出すことで，効率をアップすることを考える必要もある．

(ii)　蛍光から燐光へ

ここまでに出てきた有機ELの発光層の材料は，すべて蛍光材料であった．ここでは，蛍光材料と燐光材料について説明する．

電子は回っている．（なぜそうなのかを理解するには，やはり量子力学を勉強しないといけない）このことをスピンとよび，右回りを上向きスピン，左回りを下向きスピンとよぶ．わたしたちの世界では，どんな方向にも回ることができるが，電子のスピンは上向きと下向きだけである．また，同じ場所には，上向きと下向きのスピンの1個ずつの電子しか，入ることができない．（これを量子力学の言葉で，排他律とよぶ）

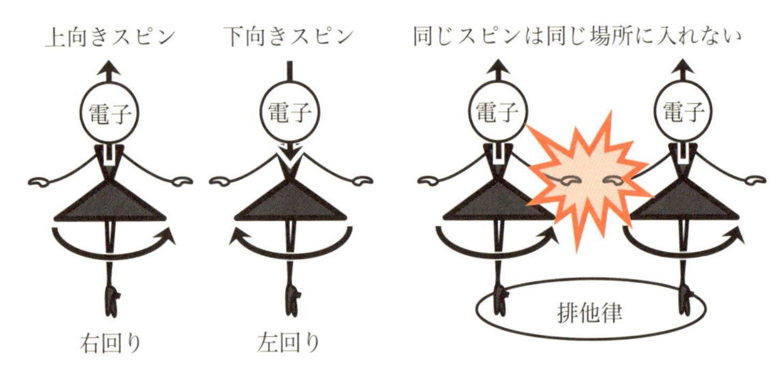

図3・2　電子のスピンと排他律

有機ELのなかのLUMOの電子も，また，ホールと対になっているHOMOの電子も，やはりスピンをもっていて，上向きか下向きかどちらかである．よって，再結合して励起状態となったとき，LUMOの電子が上向きか下向きかの2とおり，HOMOの電子も2とおりのスピンをもっているので，組み合わせで，4とおりの状態が存在する．つまり（LUMOのスピン｜HOMOのスピン）＝（上｜上），

（上｜下），（下｜上），（下｜下）のいずれかである．このうち，（上｜下）の半分と（下｜上）の半分が合わさって，一重項状態というものをつくる．（これも量子力学の言葉[35]）いっぽう，（上｜上）と（下｜下）と（上｜下）の残りの半分と（下｜上）の残りの半分が合わさって，三重項状態というものをつくる．一重項状態は半分と半分なので，1/2＋1/2＝1，三重項状態は1＋1＋1/2＋1/2＝3なので，たしかに3倍である．また，基底状態では，HOMOに，排他律によって，上向きと下向

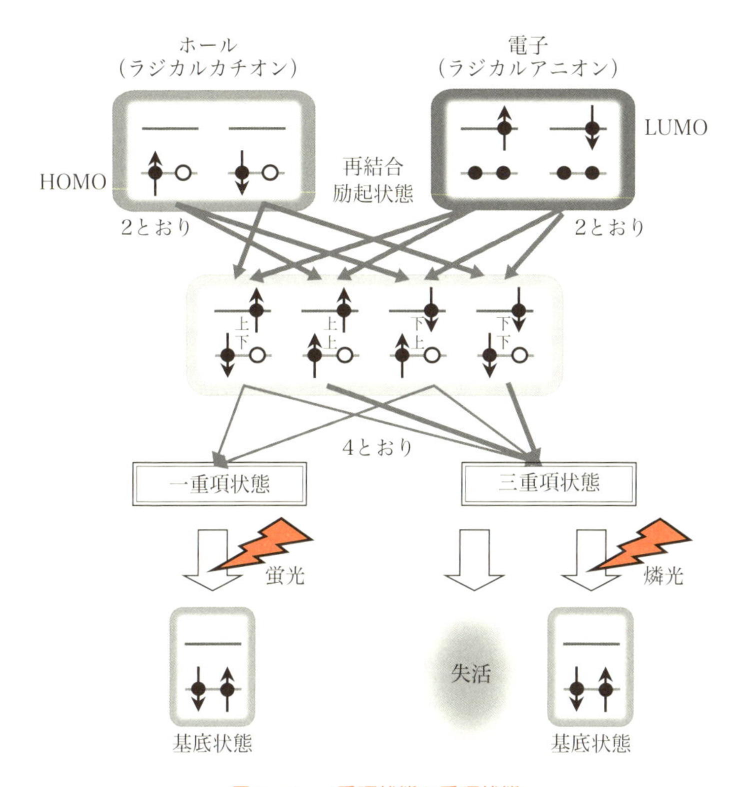

図3・3　一重項状態と重項状態

きのスピンの1個ずつの電子がある．

一重項状態から基底状態へと移るのは，許容遷移といって，簡単に起こる．このときに発せられる光を，蛍光といい，おもに蛍光のみを発する材料を，蛍光材料という．ここまでに出てきた有機ELの発光層の材料は，すべて蛍光材料であった．いっぽう，三重項状態から基底状態へと移るのは，禁制遷移といって，ふつうはなかなか起こらない．それでもがんばって発せられる光を，燐光とよぶ．光を発するまでに時間がかかるので，その前に励起状態が熱などにより失われてしまうことが多い（失活）．このふつうならば失われてしまう三重項状態からの燐光を，発するようにしている材料が，燐光材料である．

LUMOの電子とHOMOの電子が出あうのは偶然なので，スピンの4とおりの組み合わせは同じ確率で起こる．すなわち，一重項状態は25%しかなく，三重項状態は75 %もある．蛍光材料はおもに蛍光しか発しないので，ここでの効率は25 %しかない．いっぽう，

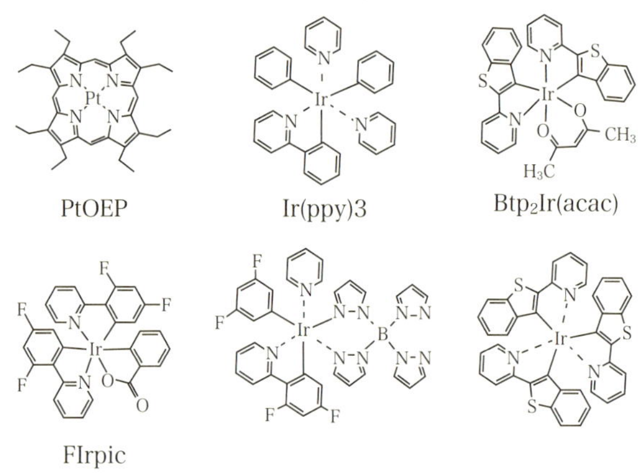

図3・4　重たい金属をふくむ燐光材料

燐光材料を使えば，蛍光と燐光の両方を発するので，効率は理想的には100 %に近づく．

燐光材料は，[36]-[38] たとえば，イリジウム（原子記号Ir）やプラチナ（元素記号Pt）といった重たい金属を含む．これらの金属が重たいのは，原子核が大きいからで，電子の数も多く，複雑な構造を持っている．この複雑な構造のおかげで，禁制遷移の呪縛がとけて，三重項状態から直接に光を発することができるようになっている．

(iii)　さらに熱活性化遅延蛍光へ

熱活性化遅延蛍光（Thermally Activated Delayed Fluorescence, TADF）は，三重項状態を利用するもうひとつの方法である[39]-[41]．図3・5に示すように熱活性化遅延蛍光では，三重項状態の少しだけ高いエネルギに一重項状態があり，三重項状態は熱のエネルギを得て，一重項状態に移ることができる．そして，ふつうの蛍光材料と同じように，一重項状態から基底状態への許容遷移で，蛍光を発する．

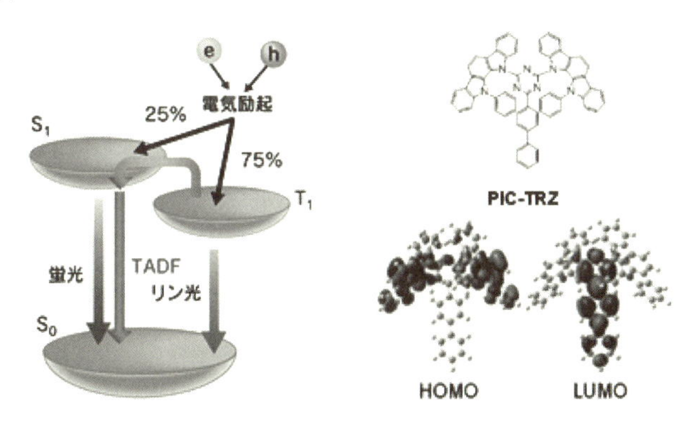

図3・5　熱活性化遅延蛍光のしくみ
[出典]九州大学　安達千波矢教授のホームページ

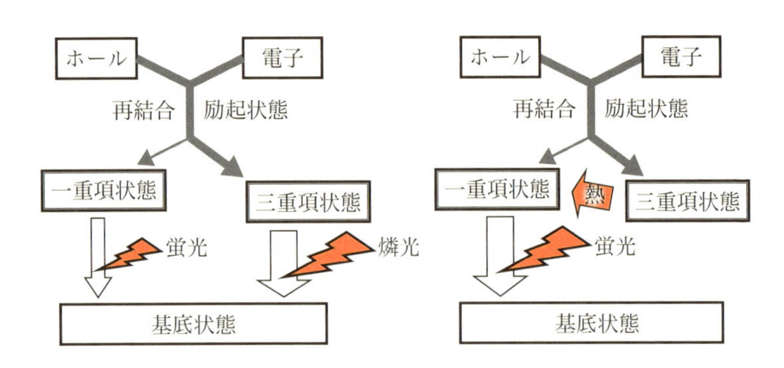

図 3・6　燐光材料と熱活性化遅延蛍光を比べると

このような一重項状態と三重項状態の構造をもつ分子の設計は，コンピュータシミュレーションによって，分子の中での HOMO と LUMO の重なりができるだけ小さくなるようにすることで，実現することができる．また，特に，青色の燐光材料の作製は難しく，熱活性化遅延蛍光が期待されるところである．熱活性化遅延蛍光の最大の特長のひとつは，燐光材料のような貴金属をつかわなくてよいので，安く作ることができることである．

(iv)　光取り出し効率アップ！

有機 EL の光取り出し効率は，30 % 程度しかない．内部量子効率は，燐光材料や熱活性化遅延蛍光などまで使ってかなり高い値にまでできているのに，光取り出し効率がこのようなことになっているのは，なぜだろうか．世のなか簡単なことほど改善する余地がなく難しいのである．

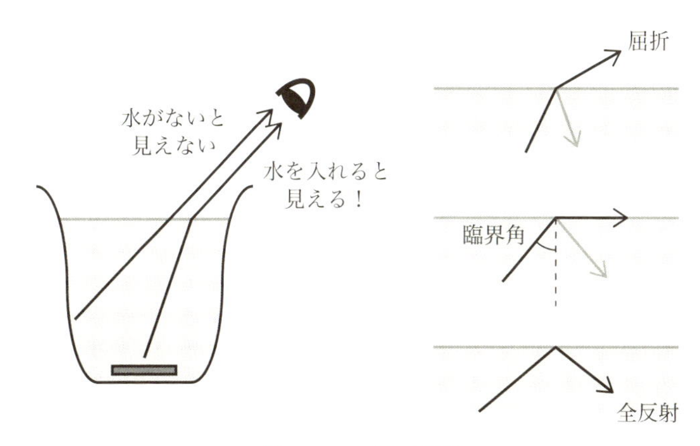

図3・7　屈折の法則

光取り出し効率が低いのは，有機ELや透明電極やガラスの屈折率が，空気の屈折率に比べて高いことが原因である．光の屈折は，スネルの法則にしたがう．湯呑みの底にコインを入れると，水が入っていないときに見えなくても，水を入れると見えてくる．水の屈折率は1.3ほどで，空気の屈折率はほぼ1である．光は，屈折率の高いものから低いものへと進むとき，まっすぐの方向からそれる方向に曲がってしまう．どんどんナナメから入れると，完全に真横に曲がってしまうようになる．そこから先は，光は屈折率の低いものへと進むことができなくなり，すべて反射する（全反射）．このときの角度を臨界角といい，光が水から空気へと進むときは50°くらいである．

有機ELでは，有機薄膜の屈折率は1.8ほど，透明電極は1.9ほど，ガラスは1.5ほどであり，水よりもさらに屈折率が高いため，単純に計算すると臨界角は30°～40°くらいである．より詳しくは，薄膜が積層した構造を考えなければならないが[42]，水よりもさらに全反射が起こりやすいことは間違いない．この結果として，光取り出し効率は，せいぜい30 %程度しかないのである．取り出せなかった光は，横の方向に伝わって，基板の端面から出て行ったり（照明ならそれでもいいかもしれないが，ディスプレイではダメダメである），なにがしかの材料に吸収されて消えてしまったり，とにかくムダとなる．

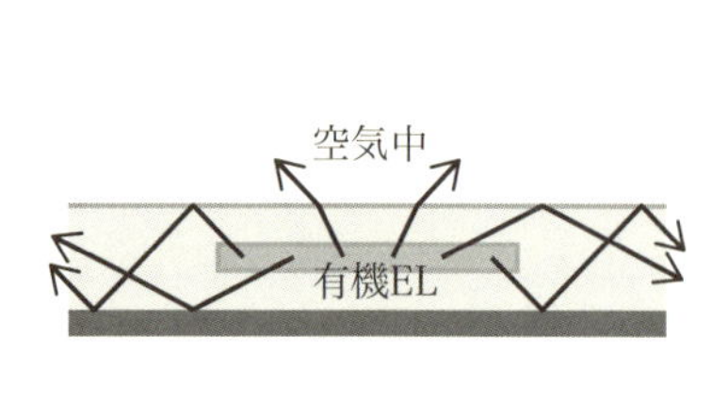

(a)　横の方向に伝わって

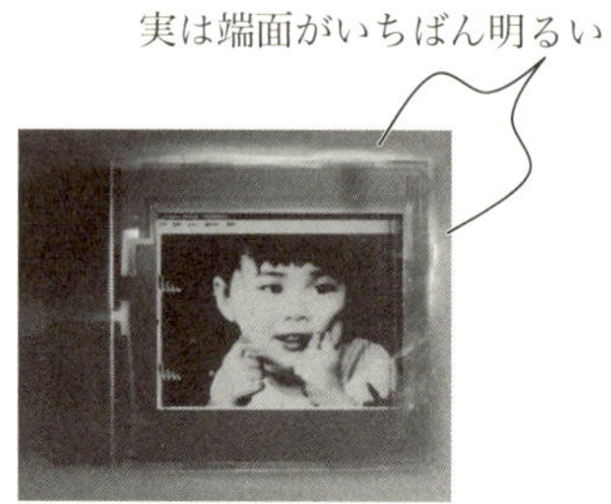

(b)　基板の端面が光る（ムダ！）

図3・8　取り出せなかった光は？

光取り出し効率をアップさせるためには，とにかく全反射させずに光を取り出すことを考えねばならない．全反射は，光の光線の角度と，材料の表面の角度の，相対的な角度で決まっている．そこで，方法としては，光線の角度を変えるか，材料の表面の角度を変えるか，しかない．

光線の角度を変える方法としては，光散乱層を設ける方法がある．光散乱層としては，たとえば屈折率の違うツブツブを入れておけばよい．この光散乱層を通ると，光線はランダムに角度を変える．その結果，空気中に出てゆくものができる．まだ出て行けないものは，ふたたび光散乱層を通り，ランダムに角度を変え…，いずれはすべての光が（一部は吸収されるものもあるだろうが）出てゆく．

いっぽう．材料の表面の角度を変える方法としては，マイクロレンズなどの構造を表面に設ける方法がある．直接にこの構造で光のあたる角度が変わって空気中に出てゆくものもあれば，反射の角度が変わって再トライで空気中に出てゆくものもあるだろう．やはりそのうち光は出てゆく．

なお，光散乱層にしてもマイクロレンズにしても，光のもとの出どころとあまりに違うところで出てゆくと，元々の画像と違うものとなってしまう．また，周辺の光を反射してしまったり，偏光の状態を変えたりするため，画面が白っぽくなったり，その結果として黒の表示がキレイでなくなったりする課題もある．

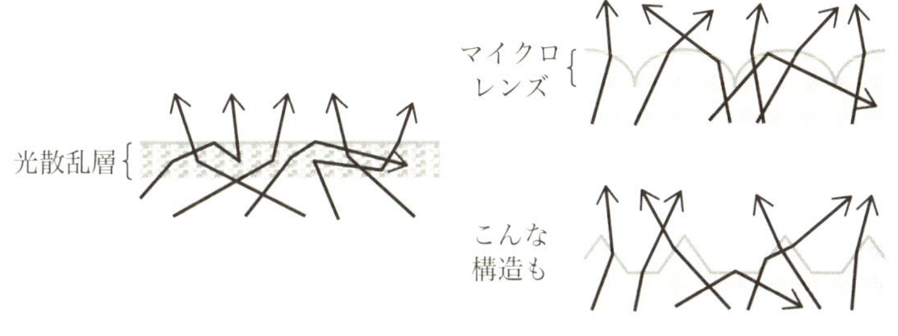

図3・9　光取り出し効率をアップの方法

(v)　ボトムエミッションからトップエミッションへ

すでに書いたとおり，ふつうに作って作りやすいのは，光が基板がわを通して放たれる，ボトムエミッションの構造である．しかし，基板がわには薄膜トランジスタなどの構造があるため，一部の光しか外に出られないので効率が悪い．そこで，そのまま光が表がわに放たれる，トップエミッションの構造が考えられている．

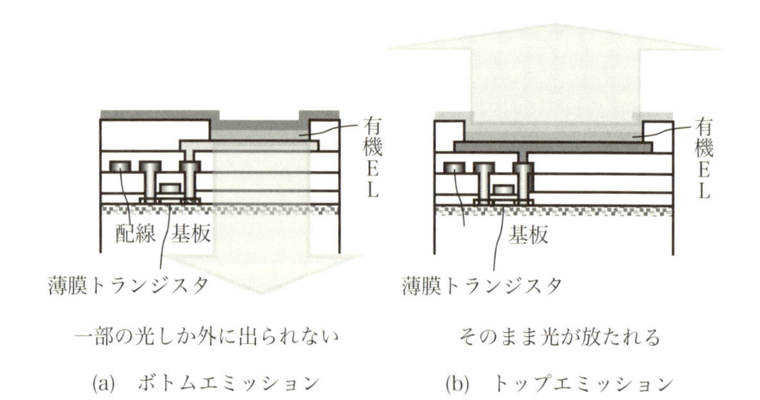

図3・10　ボトムエミッションとトップエミッション

画素の面積のうち，薄膜トランジスタや配線などを除いた，表示するための面積の割合を，開口率という．ボトムエミッションにくらべて，トップエミッションでは，この開口率を大きくできる，ということになる．ただし，液晶にくらべて，有機ELでは，開口率の問題はそれほど深刻ではない．液晶では，バックライトの光は，薄膜トランジスタなどの部分では，さえぎられてムダとなる．開口率が上がれば，それだけ画面が明るくなる．あるいは，同じ画面の明るさを得るために，バックライトの光が暗くてもよくなり，消費する電力を節約することができる．いっぽう，有機ELでは，ボトムエミッションであっても，薄膜トランジスタなどの部分を避けて，有機ELを作製するので，発光がムダとなることはない．

ではなぜ，有機ELでトップエミッションにするかというと，まず，画素の数がきわめて増えて，画素のサイズがきわめて小さくなると，画素のなかには薄膜トランジスタと配線しかおけず，それ以外の面積がほとんどなくなってしまうことになる．そうすると，有機ELは薄膜トランジスタなどの上に置かざるを得ず，トップエミッションしか方法がなくなる．

また，そうでなくても，有機ELの占める面積が小さいときを，大きいときと比べると，同じ画面の明るさを得るために，面積あたりとしてはより明るく光らせなければならない．そのために電流の密度も上がるので，消費する電力も増え，寿命も短くなってしまう．よって，開口率が大きいほうがいいわけだが，これはあくまで，トップエミッションにしても，その構造そのものが，十分な発光の効率と寿命を持っていることが前提である．

さらに，トップエミッションならば，透明でない基板も使える．曲がる基板で耐熱性の高いものとか，金属で放熱性の良いものだとか，選択肢が増える．

トップエミッションの構造にするためには，下側に光を反射する材料，上側に透明な電極が必要となる．こうした構造を作るやりか

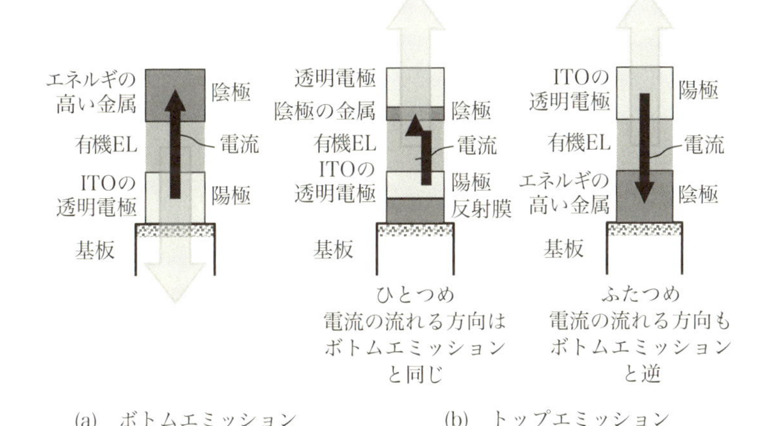

図3・11　トップエミッションの2種類の方法

たには，2種類ある．まずひとつめの方法は，これまでと同じ構造，すなわち，下側の電極をITOの透明電極で作って陽極として用い，上側の電極を電子注入層や仕事関数の小さい金属で作って陰極として用いる．下側の電極のさらに下に何か反射する薄膜を置き，上側の電極は光が通るくらい薄くして，さらにその上に抵抗を下げるための透明電極をつけるというものである．光は上側から出るようになるが，電流はこれまでと同じで下から上へと流れる．すこし製造の工程は増えるが，技術的にはそれほど難しくはない．上側の電極のかわりに，同じようなはたらきをする有機の薄膜を使うこともある．ただし，上側の電極は，金属は薄いし，透明電極は抵抗率が高いので，全体として抵抗が高くなってしまうという課題がある．そこで，たとえば，発光する部分を避けて，網目状に低抵抗の金属膜をつけるような工夫もある．ひとつの画素の有機ELに電流を供給するためとしては，抵抗は問題ない．

そしてふたつめの方法は，ストレートに下側電極を仕事関数の小さい金属で作って陰極として用い，上側の電極をITOの透明電極で作って陽極として用いるというものである[43]．電流もこれまでと逆で，上から下に流れる．まず，陰極の表面を傷めることなく，そのうえにいかに有機の薄膜を成膜するかが課題である．エネルギの高い敏感な金属ではなく，ふつうの金属（アルミとか）を使って，そのうえに電子を注入する役割をもつ薄膜など設ける方法も考えられている．さらに，スパッタでITOの透明電極を成膜するときに，下にある有機の薄膜を傷めないようにすることも課題である．

なお，トップエミッションでもやはり封止構造が必要であるが，もちろん封止構造も透明でなければならない．金属缶の缶封止はダメである．透明な薄膜を使った膜封止が適している．

コラム エレクトライドって何だろう

トップエミッションの構造を作るための課題のひとつが，化学反応しやすい仕事関数の小さい金属をいかに傷めないようにできるか，であった．これらの金属のようにエネルギの高い電子をもちながら，化学的に安定な材料が，エレクトライドである[44]．化学の専門用語になるが，酸化物がオキサイド，窒化物がナイトライド，電子化物がエレクトライドである．代表的なエレクトライドであるC12A7エレクトライドでは，電子は分子のカゴのなかにあり，化学結合はつくらないので，簡単に化学反応を起こさないようになっているが，トンネル効果で行き来はできるので，電子注入層の役割を果たすことができる．

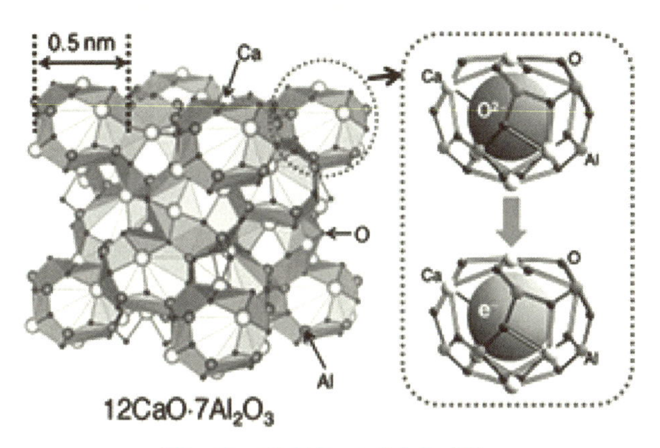

図3・12 C12A7エレクトライド
[出典]東京工業大学 細野秀雄教授の画像より

なお，電流の流れる方向が逆になると，画素回路としての薄膜トランジスタの動作も変わるので，画素回路の設計もやりなおさなければならない．実は，n型のトランジスタにより適した動作をすることになるため，あとで述べる，n型のトランジスタでよりよい特性が得られている，酸化物薄膜トランジスタでの画素回路の作製に，より都合がよい．

コラム　マルチフォトン素子とは

マルチフォトン素子とは，有機ELを薄膜の状態で直列に積層したものである[45]．たとえば，3つの有機ELを直列に接続することを考える．3倍の電圧をかけると，電流はもとのひとつの有機ELと同じとなり，3つの有機ELのそれぞれがもとのひとつの有機ELと同じ明るさで光るので，足し合わさって3倍の明るさとなる．だったら，もとのひとつの有機ELに3倍の電圧をかけて3倍の電流を流せばいいと思われるかもしれないが，それでは発光の効率が低下し，寿命も短くなってしまう．また，マルチフォトン素子では，陽極と陰極を順々に積層してもよいが，電子とホールを同時につくることのできる薄膜であれば1層ですむので都合がよい．この電荷発生層として，酸化バナジウム（V_2O_5）が知られている．

また，高電圧で小電流となることは，大型のディスプレイで，有機ELに電流を供給する配線や電極が長くて抵抗が問題になるときに，その抵抗によるムダな電力の消費を低減するにも都合がよい．なぜなら，抵抗による電力の消費は電流の2乗に比例するからである．鉄塔で送電するときに，高電圧で小電流にして送るのと，同じ理由である．

3つの有機ELは同じ材料である必要はない．白色の照明がほしいときに，赤・緑・青としてもよい．

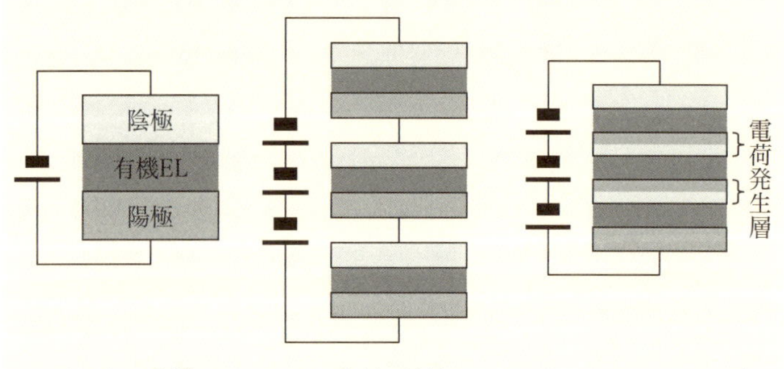

図3・13　有機ELを薄膜の状態で直列に積層したマルチフォトン素子

3.2　カラーにするための3つの方式

ディスプレイにするためには，赤・緑・青（R・G・B）などに発光する細かい画素を並べねばならないが，主に3つの方式がある．それぞれ一長一短がある．

[塗り分け方式]

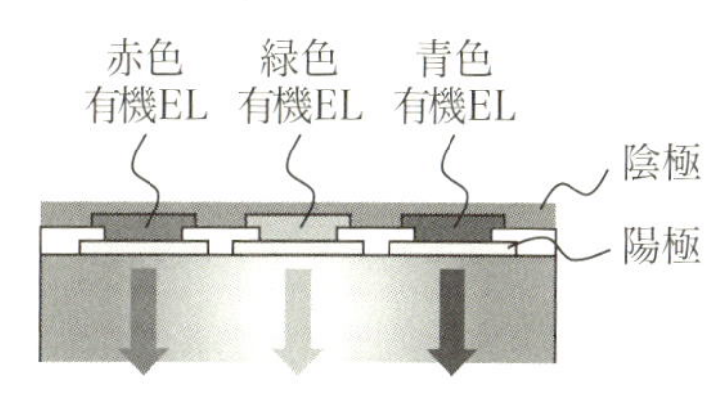

長所
・光がムダにならない
・構造が単純
課題
・製造の工程が増える
・微細な画素だと作りにくい
・材料がムダになる
・赤・緑・青の明るさのバランス
・寿命

[白色EL+カラーフィルタ]

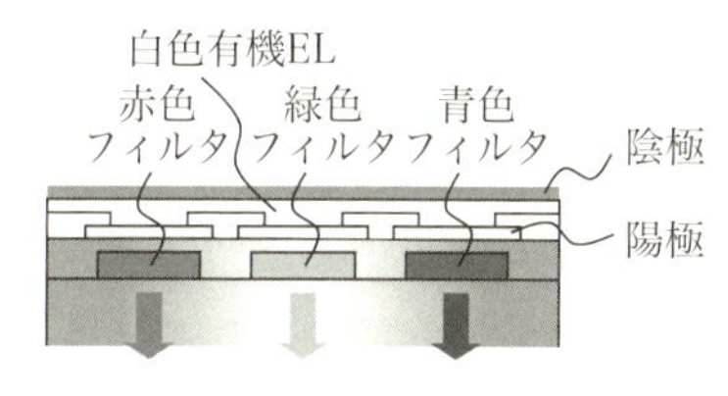

長所
・有機ELは一面の薄膜でよい
・材料がムダにならない
・微細な画素でも作れる
・液晶のカラーフィルタが使える
・赤・緑・青の明るさのバランス
・寿命
課題
・使う光以外はムダになる
・白色の有機ELが必要
・カラーフィルタが必要

[色変換方式]

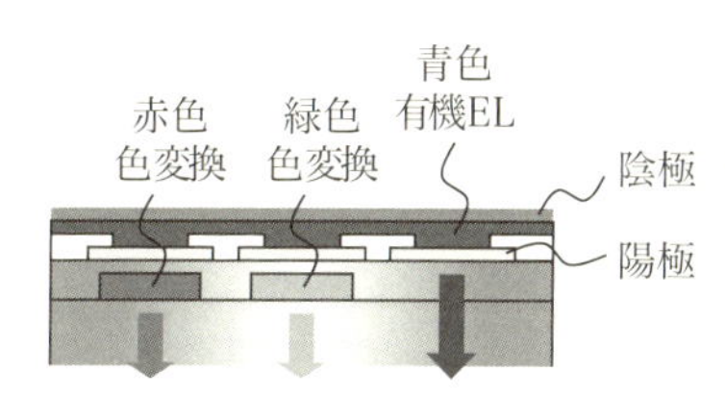

長所
・青色有機ELは一面の薄膜でよい
・材料がムダにならない
・微細な画素でも作れる
課題
・色変換層が必要
・高い効率の色変換
・赤・緑・青の明るさのバランス

図3・14　カラーにするための3つの方式

(i)　塗り分け方式

これまで説明してきたのは，塗り分け方式であった．赤色・緑色・青色の有機ELをそれぞれの画素に作り分ける方式である．

長所としては，まず，それぞれの画素から，赤色・緑色・青色の光が発せられるので，つぎのカラーフィルタ方式のように，光がムダになることはない．また，全体の構造としては，単純なものとなる．

課題としては，赤色・緑色・青色の有機ELをそれぞれ順番に作製するので，製造の工程は増える．フィジカルマスクで蒸着するにせよ，インクジェットするにせよ，微細な画素だと作りにくい．また，蒸着では，蒸発した材料は空間にまんべんなく飛んでゆくが，実際に使うのはその色の画素のところだけで，基板に飛んでゆくものも不要なものはフィジカルマスクのうえに付いていずれ捨てられるので，材料のムダが多い．さらに，赤色・緑色・青色で異なる有機ELの材料を使うので，輝度のバランスや寿命を揃えることなどが難しい．しばしば輝度のバランスを保つために，赤色・緑色・青色で，有機ELの発光の面積を変えるといった工夫がなされる．

(ii)　白色有機EL＋カラーフィルタ

白色の有機ELで，カラーフィルタで色をつけるものである．カラーフィルタの作製には高温とフォトリソグラフィを用いるので，まず，基板に，カラーフィルタを作製し，そのうえに有機ELを作製する．

長所としては，まず，有機ELは一面の薄膜でよく，工程が1回ですみ，材料がムダにならない．液晶のカラーフィルタの技術を用いることができるので，少なくともいまの液晶でできるほどの，微細な画素でも作ることができる．どの色に対しても．発光しているのは同じ白色の有機ELなので，カラーフィルタにより輝度のバランスを保つことができ，寿命も同じである．

課題としては，白色の発光を，たとえば赤色のカラーフィルタは，赤色だけを通し，緑色と青色は吸収するので，2/3の光がムダになる．また，単色ではなく，黄色と青色とか，赤色・緑色・青色のすべてとか，合わせて白色となる有機ELが必要となる．さらに，そもそもカラーフィルタが必要となることも，課題のひとつである．

(iii) 色変換方式

青色の有機ELで，色変換によって，赤色と緑色を得るものである[46]-[48]．Color Changing Mediaということで，CCM方式という．青からカラーをつくるので，Color by Blueということもある．青色はそのまま使うときと，赤色と緑色に比べてそのままの青色が明るすぎるならば，何らかのフィルタで弱めるときがある．なお，光のエネルギとしては，青>緑>赤 なので，色変換方式でもとの光をつくるのは，青色の有機ELである．エネルギの低い赤色から，エネルギの高い青色は，ふつうのやりかたでは作ることはできない．

長所としては，まず，青色の有機ELは一面の薄膜でよく，工程が1回ですみ，材料がムダにならない．また，色変換層は一般に有機物であり，扱いやすい材料で，微細な画素でも作ることができる．

課題としては，まず，色変換層が必要で，その色変換の効率は高くなければならない．また，色変換の効率を揃えて，赤・緑・青の輝度のバランスを保つ必要がある．

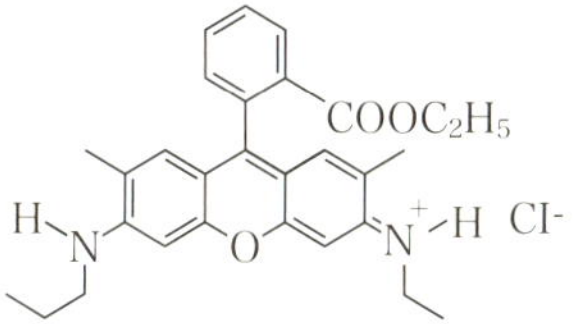

図3・15 色変換層の有機材料の例

3.3　白色の有機EL

既に書いたとおり，白色有機EL＋カラーフィルタの方式では，白色の有機ELを作ることがカギのひとつであり，照明としても，白色の有機ELが必要とされる．白色の有機ELは，どのような性質を持っていなければならず，また，どのように作るのであろうか．

(i)　白といっても赤・緑・青をふくむ

そもそも白とは何だろう．わたしたちは，色を，赤・緑・青・白などと言葉で表す．いっぽう，物理的には，光の色ごとの明るさを表したものが，スペクトルである．光の色は，光を波として考えたときの波長にあたるので，スペクトルでは横軸は波長である．図3・16は，太陽のスペクトルである．ヒトの目に見える光を，可視光といい，おおよそ380 nmの紫から，800 nmの赤である．

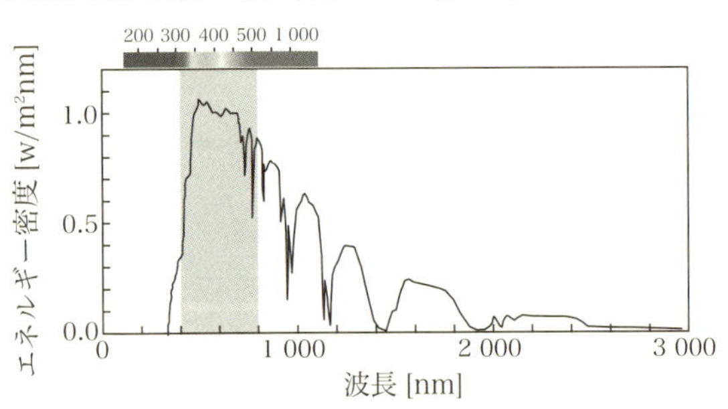

図3・16　太陽のスペクトル

ヒトの目には，赤・緑・青に反応する細胞があることが知られている．（正確には，高い感度で明るさのみ感じる桿体細胞という細胞と，長波長（L）と中波長（M）と短波長（S）に光をそれぞれ感じる3種類の錐体細胞という細胞があり，脳のなかで計算されて，赤・緑・青を判断している）赤の細胞が刺激されると，赤く見える．すべての細胞が刺激されたとき，ヒトはそれを白く感じる．太陽のスペクトルは，ところどころ谷があるものの，可視光の範囲ではかなり平坦である．そのため，太陽の光は，細胞をどれも刺激するので，白に見える．

太陽の光はすべての波長を含むが，有機ELでそのような発光を得るのは難しい．有機ELをディスプレイに使うときは，ヒトの目を直接に刺激するものであって，ヒトの目には3種類しか色を感じる細胞がないので，その3つを刺激することだけ考えればよい．ヒトの目に見える色を図のうえに表したものを，色度図という．中心から三角形のように離れて，赤と緑と青が位置する．塗り分け方式では，鮮やかな色を出したいので，できるだけ中心から離れた色をつかう．白色有機EL＋カラーフィルタの方式でも，カラーフィルタを通ったあとは，できるだけ鮮やかな色にしたいので，もとの白色有機ELは，できるだけ中心から離れた赤・緑・青がまざったものであることが望ましい．黄と青の2色がまざったものもしばしば

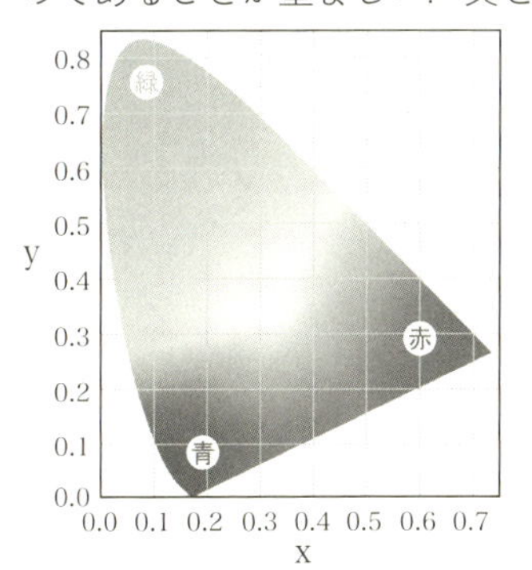

(a)　ディスプレイで鮮やかな色を表示するとき

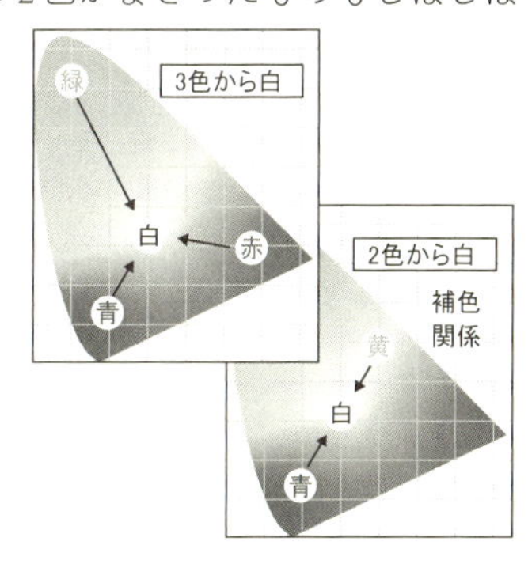

(b)　白を表示するとき

図3・17　色度図で赤・・緑・青・白を表す

使われるが，その黄色から，カラーフィルタを通すことで，赤と緑がつくられる．

これと同時に，赤・緑・青あるいは黄と青をいっしょに光らせて白を表示させたいときには，色味がかっていない真っ白な表示としたい．ヒトの目にどう見えるかは，色度図のうえでの重心座標として表される．黄と青など2色のときは，まんなかの白をはさんで対称的な，補色の関係になっていなければならない．

つぎの図は，青と黄をまぜての有機ELのスペクトルの例である[49]．2色をまぜているのでもちろん2山であるが，ヒトの目が赤く感じる560 nmあたりと，緑と感じる530 nmあたりの強度も十分にある．ちなみに青く感じるのは480 nm以下くらいである．2色のときに黄を使うのは，有機ELとしての作りやすさもあるが，ヒトが赤および緑と感じる波長が近いことも都合がよい．

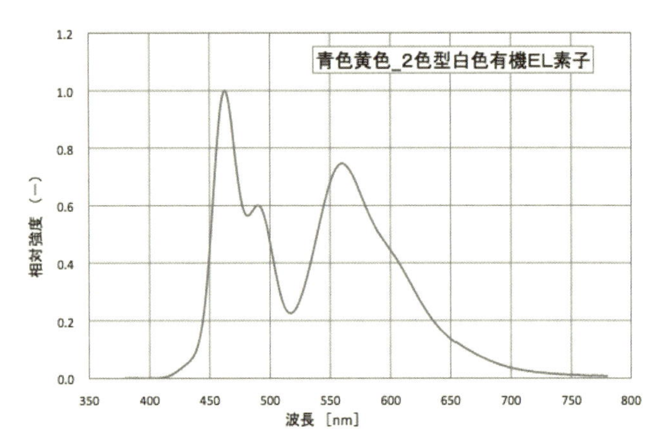

図3・18　白色の有機ELのスペクトルの例
（NECライティング株式会社図版提供）

有機ELを照明に使うときは，照らされるものがどの波長を反射してくれるかわからないので，有機ELの発光ができるだけ平坦なスペクトルを持っていることが望まれる．たとえば黄色い花があったとして，この花は赤と緑ではなく，スペクトルのうえでの黄色の波長のみを反射するとする．照明の有機ELが平坦なスペクトルを持っていれば，黄色を反射するので，キレイな黄色の花に見える．しかし，もし，照明の有機ELが赤・緑・青に集中したスペクトルを持っていて，黄色の光が含まれていなければ，この花はまっくらに見えてしまう．食卓で料理の色を忠実においしく見せる，という言葉には，こんな深いリクツもあるのである．

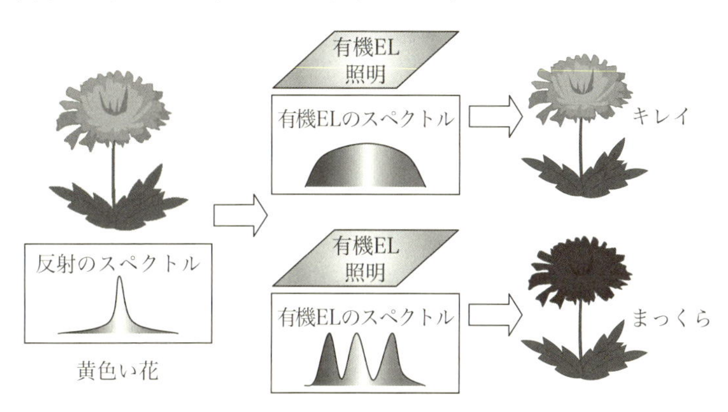

図3・19　照明のスペクトルはできるだけ平坦に

(ii) 白色の有機ELのつくりかた

白色の有機ELのつくりかたを，2つ挙げよう．ひとつめは，積層型である．発光層のホスト，電子注入・輸送層，正孔注入・輸送層，陽極，陰極などは，これまでと大差ない．発光層のゲストの材料を，赤・緑・青の3種類用意し，ホストとゲストを混ぜた発光層の3層を積層する．そのうちひとつの層は，ホストとゲストを同じ材料で兼ねてもよい．エネルギバンド構成はホストで決まるので，これまでと同じ動作原理にもとづくが，励起子のエネルギはゲストの材料に移ってから発光するので，3色の発光が得られる．積層型は，低分子型の有機ELに適した構造である．

ふたつめは，分散型である．膜状ではなく，粒子状のゲストの材料を，ホストの材料のなかに散りばめてある．あまり多層にできない，高分子型の有機ELに適した構造である．ただし，うまく作製しないと各色のゲストが混ざってしまって，また，うまく設計しないと発光しやすいものばかりで発光してしまって，正しく動作しないので，材料や構造をうまく設計しなければならない．

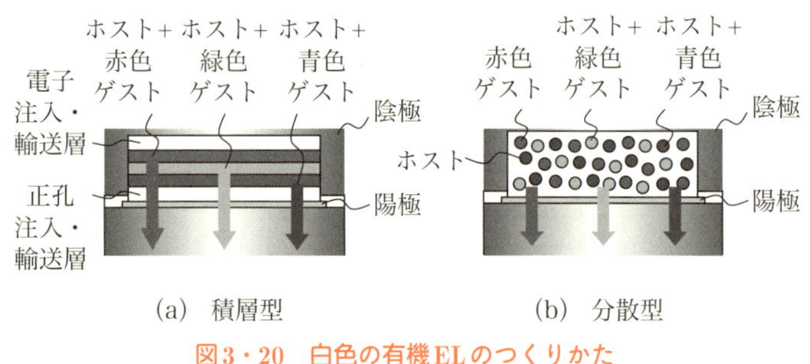

図3・20 白色の有機ELのつくりかた

3.4 有機EL薄膜の新しい作製技術

(i) レーザー転写法

蒸着やスパッタで有機EL薄膜を作製するときに，マスクのたわみや伸びによるパターンのズレや，材料のムダなどが問題であった．これを解決するひとつの方法が，レーザー転写法（Laser Induced Thermal Imaging, LITI）である[50]．

レーザー転写法では，まず，ドナーフィルムとよばれるフィルムに，有機EL薄膜を成膜する．一面の膜を成膜するので，材料はあまりムダにならない．このドナーフィルムを基板に密着させ，レーザーを照射することで，その部分の有機EL薄膜を基板に転写する．レーザーの描画のパターンは微細にできるため，パターンのズレの問題もない．

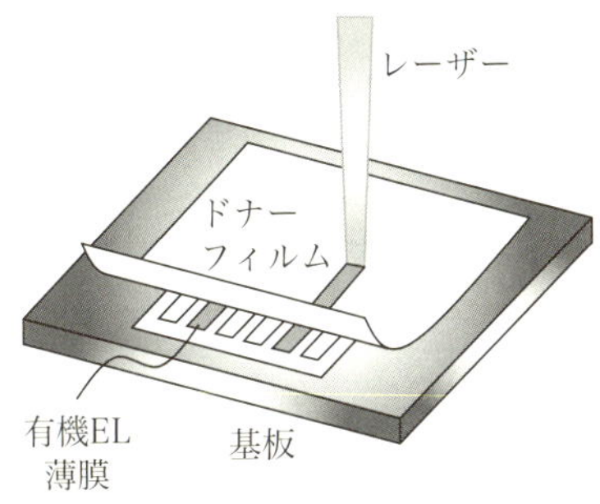

図3・21　レーザー転写法で材料のムダなく微細なパターンを

(ii)　自己組織化

有機物の分子は，形状が等方的でなく（向きによって性質が違うということ），また，何も気にかけずに作るとアモルファスとなりやすい．そこで，分子の並べかたを揃えると，さまざまな特性が改善される可能性がある[51]．有機ELだと，輝度や電力や寿命などである．

自己組織化のためには，あらかじめ基板のうえに，なにかの構造を並べておく．結晶でもよいし，分子の配列でもよい．そのうえに有機EL薄膜を成膜して，分子の並びが揃った有機ELが得られる．

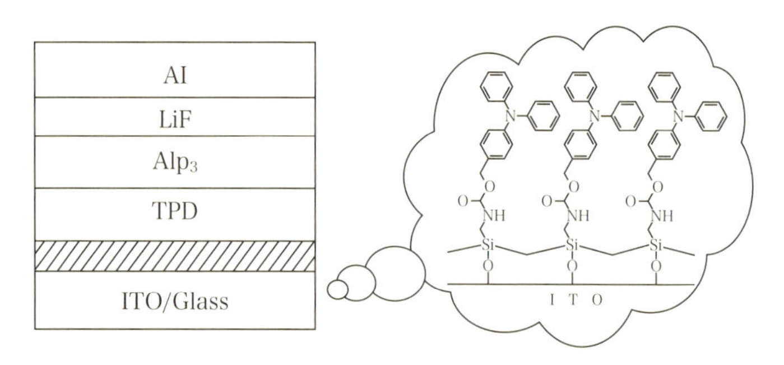

図3・22 自己組織化で分子の並びを揃える

3.5 薄膜トランジスタも進化

有機ELディスプレイの研究開発の黎明期には，アモルファスシリコン薄膜トランジスタと低温多結晶シリコン薄膜トランジスタが，アクティブマトリクス方式の駆動素子としての座を争った．アモルファスシリコン薄膜トランジスタは，大型のディスプレイを安い値段で製造できる可能性があり，さまざまな試作品が開発されたが，有機ELを光らせるために必要とされる電流を流す能力に余裕がなく，経時劣化の問題もあったため，商品化には至らなかった．そのため，低温多結晶シリコン薄膜トランジスタが，主に有機ELディスプレイの駆動素子として用いられてきた．ただし，いくつかの課題はある．

まず，多結晶ということで，結晶の配置がランダムなので，ひとつひとつの薄膜トランジスタの特性のバラツキが大きい．これについては，画素回路で補償することで，ひとまずは解決されている．つぎに，製造の工程が大型のディスプレイの作製に，向いてないことである．特に，レーザーによる結晶化と，イオンの打ち込みは，大型の装置の開発が難しい．また，薄膜トランジスタを完成させるまでの製造の工程が長く，製造のコストが高くなることもある．これらの課題は，大型のディスプレイで，目立った問題となる．この課題を解決できるのが，アモルファス酸化物半導体薄膜トランジスタである．

(i)　酸化物薄膜トランジスタ

酸化物薄膜トランジスタは，チャネル領域に，酸化物半導体を使っている薄膜トランジスタである．特に，アモルファスの酸化物半導体を使っているものが有望である．インジウム（元素記号In）とガリウム（元素記号Ga）と亜鉛（元素記号Zn）の酸化物であるIn-Ga-Zn-O略してIGZO（イグゾー）がその代表である[52]，ガリウムのかわりにスズ（元素記号Sn，英語ではTin）を使ったIn-Sn-Zn-O略してITZO，希少金属（レアメタル）であるインジウムを含まないGTOなどもある[53]．アモルファスではなく結晶を使ったとするCAAC（C軸配向結晶，C-Axis Aligned Crystal）IGZOも有望である[54]．

アモルファス酸化物薄膜トランジスタの特長は，まず，アモルファスシリコン薄膜トランジスタよりはるかに電流を流す能力があり，低温多結晶シリコン薄膜トランジスタほどではないものの，有機ELを光らせるためには十分であることである．さらに，アモルファスということは，多結晶と違って，特性が一様でバラツキが小さい．画素回路で補償する必要がなく，最も簡単な，ふたつのトランジスタとひとつの容量からなる画素回路を使うことができる．それでいて，アモルファスシリコン薄膜トランジスタと同様の簡単な製造工程で，チャネル領域のアモルファス酸化物半導体に至っては，きわめて簡単なスパッタによる成膜だけでよく，安い値段での作製が可能である．

アモルファス酸化物薄膜トランジスタでは，まず，基板のうえに，スパッタリングで金属の薄膜を成膜して，パターニングしてゲート電極とする．つぎに，プラズマCVDで，ゲート絶縁膜を成膜する．つづいて，スパッタリングでアモルファス酸化物半導体を，プラズマCVDでエッチングストッパを成膜する．エッチングストッパは，アモルファス酸化物半導体の表面を保護し，このあとのソース電極とドレイン電極のエッチングでもなくならないようにするためのものである．エッチングストッパをパターニングし，スパッタリングで金属の薄膜を成膜してパターニングしてソース電極とドレイン電極とし，同時にアモルファス酸化物半導体もパターニングする．（このあたりの順番は場合によって異なる）そのあと，保護膜を成膜し，コンタクトホールを開口する．最後に，特性を向上させるために，300 °Cくらいに熱して（アニール），完成である．

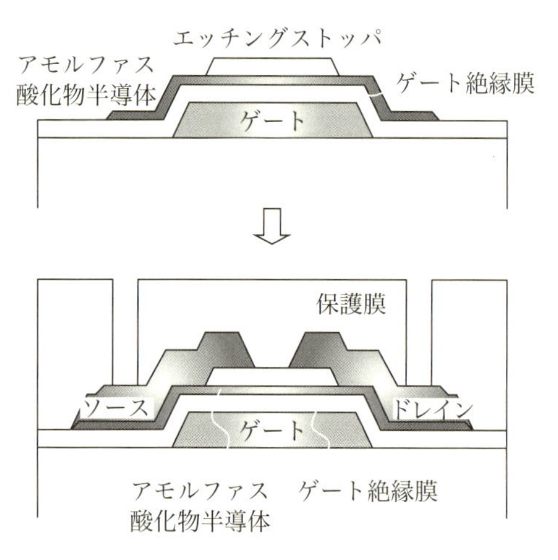

図3・23　アモルファス酸化物薄膜トランジスタの作製方法

(ii) 有機薄膜トランジスタ

有機薄膜トランジスタは，チャネル領域に，有機物の半導体を使っている薄膜トランジスタである．代表的な材料として，低分子型のペンタセンと，高分子型のポリ[(9,9-ジオクチルフルオレニル-2,7-ジイル)-co-ビチオフェン](F8T2)がある．そもそも有機ELの材料も半導体であったので，有機トランジスタの材料も，よく似ている．最初に有機EL現象が研究されたアントラセンのベンゼン環を増やせばペンタセンになるし，F8T2はそのまま有機ELの材料でもある．低分子型は蒸着で成膜するし，高分子型は印刷で成膜できる．

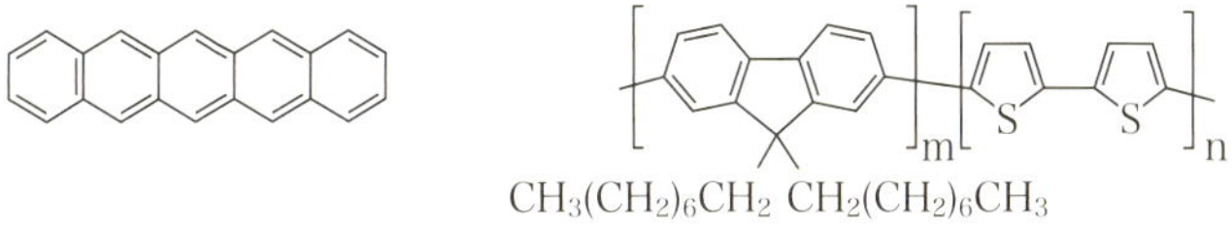

$CH_3(CH_2)_6CH_2$ $CH_2(CH_2)_6CH_3$

(a) ペンタセン　　(b) F8T2

図3・24 有機薄膜トランジスタの材料の例

有機物は，低温で成膜できる．(というより，それ自体が高温にもたない)そのため，耐熱温度の低いプラスティックなどの曲がる材料の基板に作製できる．有機ELと有機薄膜トランジスタで，曲がるアクティブマトリクス型有機ELの完成である[55]．有機薄膜トランジスタの課題は，低温多結晶シリコン薄膜トランジスタや酸化物薄膜トランジスタに比べて，電流を流す能力が低いこと，経時劣化が速いこと，である．

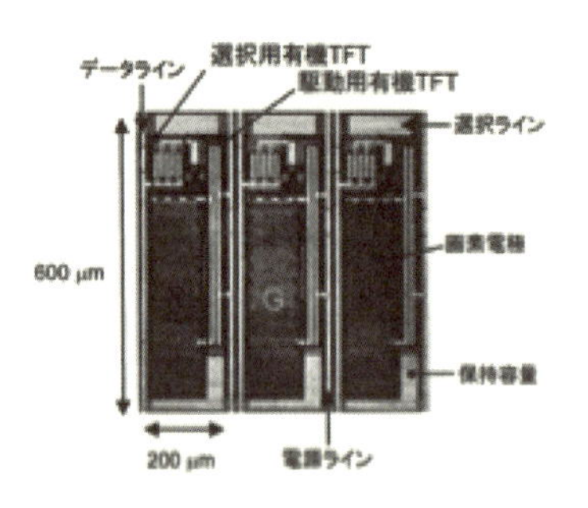

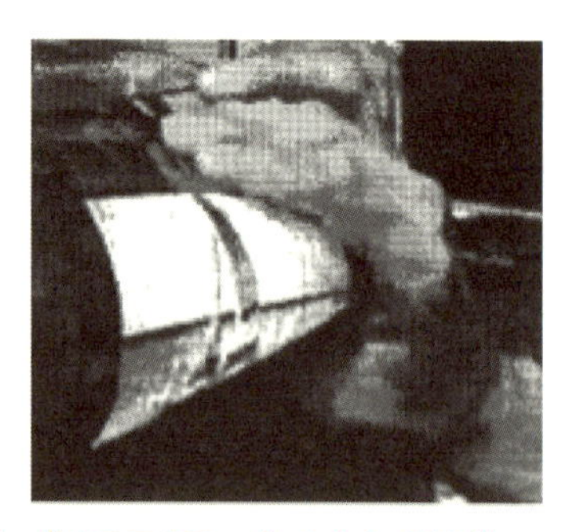

図3・25　有機EL＋有機薄膜トランジスタ＝曲がるアクティブマトリクス型有機EL
（“低電圧有機TFT駆動による5.8インチフレキシブル有機ELディスプレイ”, 信学技報, EID2009-53, 25（2010）より　許諾番号：16GA0073, copyright©2010 IEICE）

(iii)　有機EL×薄膜トランジスタ…素子

有機ELと有機薄膜トランジスタの材料が似ていることから，ひとつにできないかというアイデアがある[56]．1回で作ることができるので，製造の工程が簡単になる．

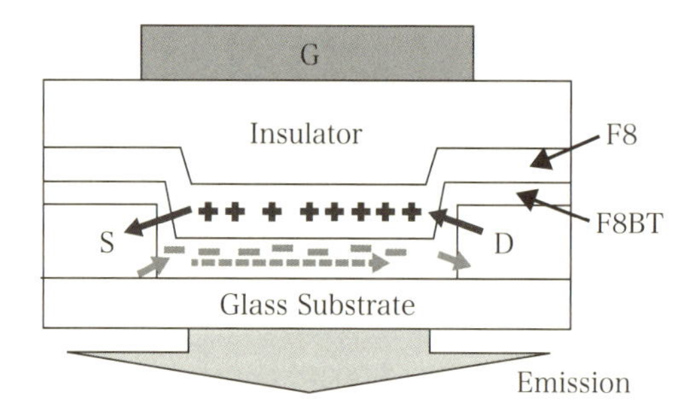

図3・26　有機EL×有機薄膜トランジスタ＝有機発光トランジスタ

3.6 画質の進歩

(i) 高解像度化で絵を精緻に

2011年まではアナログ放送が流れていて，走査線数すなわち縦方向の画素の数は525本であった．方式として厳密に横方向の画素の数は決まらないのだが，画面の縦と横の比が3：4だったとすると，横方向の画素の数は700画素となっていた．デジタル放送となって，横方向の画素の数は，1 440画素とか1 920画素とかになった．アナログ放送からデジタル放送になるときに，テレビが買い替えになることから，そんなもの必要だろうかという議論があったが，デジタル放送になってみると，アナログ放送のボケボケ画像にはいまさら戻れない．さらに，4K（Kはキロすなわち千を表すので，横方向の画素の数が4 000画素）とか8K（同じく8 000画素）といった規格もある．しばらく前に3Dテレビのブームがあって，その場にいるような立体映像による現実感が謳われたが，メガネときちんとした視聴姿勢が必要でリビングでのリラックス感と合わず，すたれてしまった．

図3・27 アナログテレビ ⇒ デジタルテレビ ⇒ 4K ⇒ 8K

最近は，4Kや8Kほどの絵の細かさ（解像度という）になると，立体的な現実感さえ得られると言われている．

有機ELでも，すでに4Kテレビが発売され[57]，8Kテレビも開発されている．

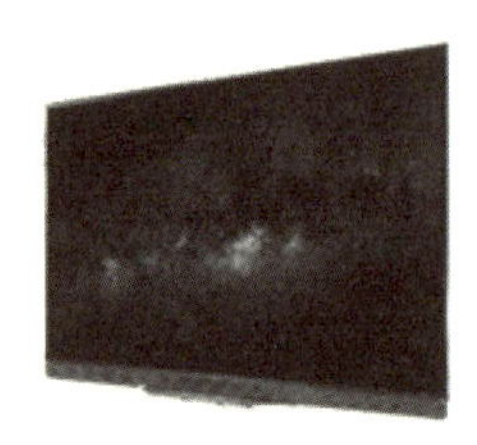

4K
（LGの有機ELテレビ OLED E6P）

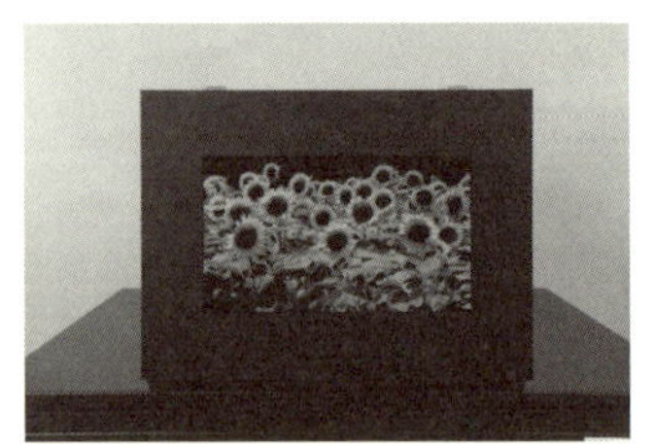

8K（株式会社半導体エネルギー研究所画像提供）

図3・28 有機ELディスプレイの高精細化

(ii) 新しい材料とマイクロキャビティで色を鮮やかに

色の鮮やかさを，色純度とよぶ．液晶ディスプレイで色純度を上げるには，カラーフィルタで通る光の色を，鮮やかなものだけに絞るよりない．結果として，光の利用効率が下がってしまう．つまり，

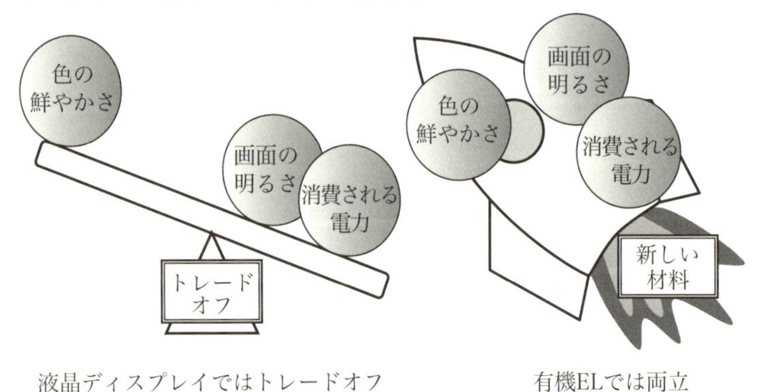

液晶ディスプレイではトレードオフ　　有機ELでは両立

図3・29 色のあざやかさ と 画面の明るさ と 消費される電力

色の鮮やかさと画面の明るさまたは消費される電力は，あちらを立てればこちらが立たずの関係（トレードオフという）になる．いっぽう，有機ELでは，光はそのまま出てくるので，色が鮮やかな材料が開発できれば，何も損なうことなく，ディスプレイとして色が鮮やかになる．実際にさまざまな新しい材料の開発が進んでいる[58]．

材料ではなく光学的な構造の工夫で色を鮮やかにしようとしているのが，マイクロキャビティ構造である[59]．光の色によって，波長が違うことを利用する．陽極と陰極の間隔すなわち有機ELの厚みを，その波長に合わせる．すると，一部の反射してくる光は，その波長のみ強め合って，最後にはある特定の色の光のみが，強い強度で放たれることとなる．

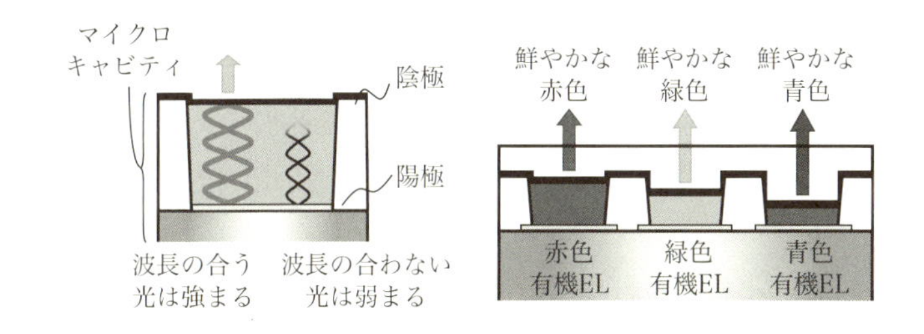

図3・30 マイクロキャビティで色を鮮やかに

(iii) ホールド型表示とインパルス型表示

ディスプレイの表示の方式には，ホールド型表示とインパルス表示という分類のしかたもある．ホールド型表示とは，画面の書き換え（フレームという）を行ったら，次の書き換えを行うまで，表示を続ける方式である．ふつうのアクティブマトリクス型の有機ELディスプレイはこの方式である．アクティブマトリクス型の液晶ディスプレイもそうである．いっぽう，インパルス型表示とは，画面を一瞬だけ表示する方式である．パッシブマトリクス型の有機ELディスプレイはこの方式である．すでに歴史の彼方であるが，ブラウン管テレビやプラズマディスプレイも部分的にそうである．パッシブマトリクス型の液晶ディスプレイはじつはちょっと違うが，それはまたの機会に．

ちょっと考えると，ホールド型表示のほうがインパルス表示よりもよさそうであるが，ひとつだけ問題がある．それが，動きぼやけ，というものである．図3・31に示すように，ホールド型表示で，クルマが左から右へと動く映像を見るとする．視線も左から右へと動く．視線は連続的に動く．いっぽう，ディスプレイは，フレームが変わるとパラパラ漫画的に動くが，ひとつのフレームのあいだは表示は書き換わらないので，クルマは動かない．動かないクルマと，連続的に動く視線とのあいだに，ズレが生じる．その結果として，視線に対して，クルマがボケて見えてしまう．インパルス表示で，クルマを見るとすると，一瞬だけ表示され，そのときクルマと視線の位置関係はいつも同じにできるので，クルマはボケない．一瞬の表示のあいだ以外は何も表示されていないが，ヒトの目には残像が残るため，クルマが連続的に動いているように見える．

動きぼやけを解決するために，アクティブマトリクス型の有機ELであっても，一瞬だけ光らせるようにする方法がある．簡単な方法としては，その一瞬だけ，陰極に適切なマイナスの電圧をかけ，それ以外の期間は有機ELが発光しないようにすればよい．

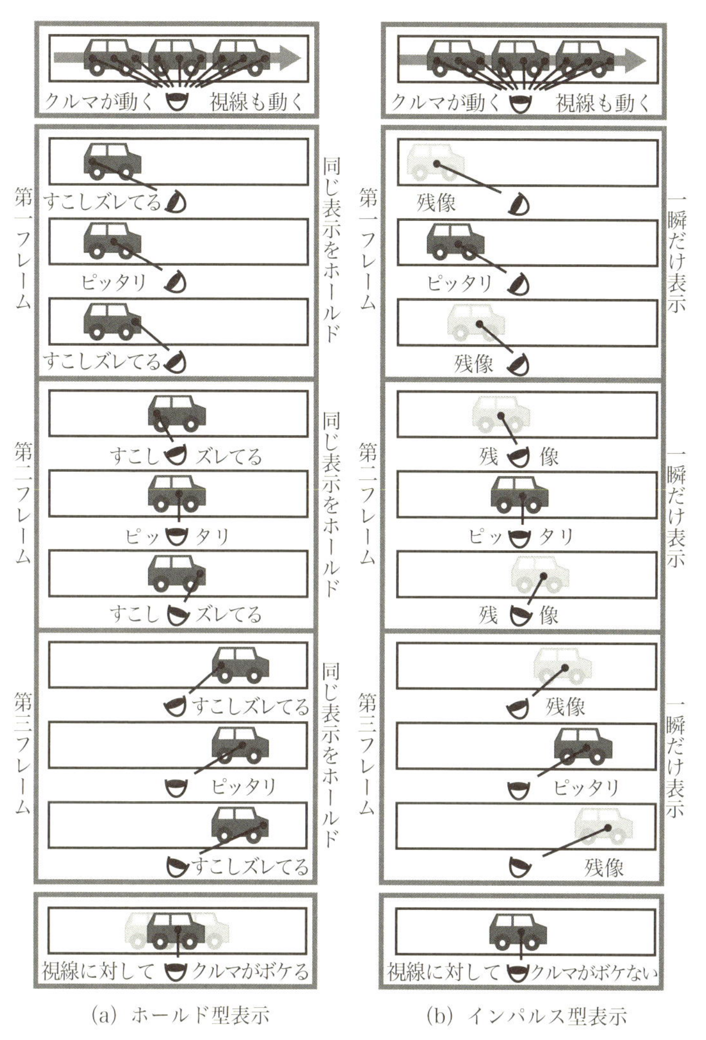

図3・31 ホールド型表示とインパルス型表示の動きぼやけ

3.7　有機ELの応用

ここまで，有機ELの基礎と，現在の有望な技術，将来の新しい技術について，説明してきた．ここから，これらの技術が実現されたのちに想定することのできる，今後の有機EL応用について考える．

有機ELのテレビへの応用は十分に可能であり，すでに商品も出ている．ただし，枯れた（＝経験が積まれた）技術である液晶と比べて，供給の数量や価格の面で懸念がある．高級機種としてあるいはマスターモニターなどの用途では有望であるものの，家庭用のテレビをすべて置き換えることになるかというと，クエスチョンマークである．いっぽう，スマホへの搭載は，おそらく今後のひとつの主流になっていくであろう．極薄で軽量で曲げることもでき，プラスティックにつくればバキバキに割れることのないスマホのディスプレイは，とても魅力的である．

(i)　透けて見える…透明ディスプレイ

光が基板がわを通して放たれるのがボトムエミッション，そのまま光が表がわに放たれるのがトップエミッション，ということは，ふたつの構造を組み合わせれば，光が両側に放たれる，デュアルエミッションの構造が得られる．

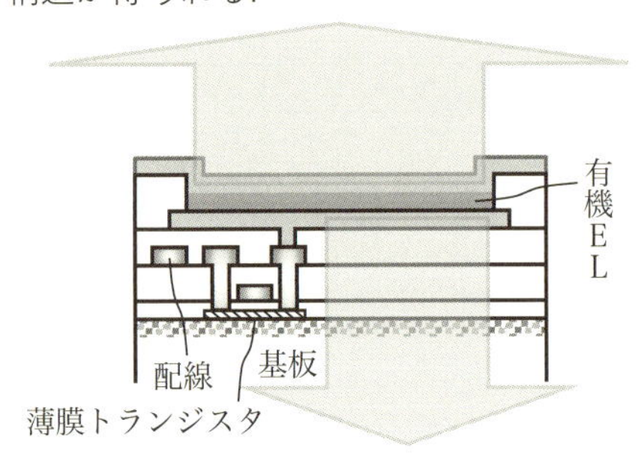

図3・32　光が両側に放たれるデュアルエミッション

デュアルエミッションでは，上側の電極も下側の電極も透明であるから，外からの光も筒抜けで，向こう側が透けて見える透明ディスプレイとなる．

図3・33　透けて見える…透明ディスプレイ
[出典]Samsung Transparent OLED Display at ISE 2016

たとえば，部屋の窓や，クルマやバスや電車の窓が，向こう側が見えながらディスプレイになっているのは面白い．ショーウインドウに商品の情報を表示することは，すでに提案されている．鏡の前にもつけることができる．

図3・34　窓や鏡がディスプレイに

映画にもしばしば，壁状の透明ディスプレイが登場する．ただしこれは，近未来的な映像効果を狙ったものであろう．立ち位置で手を前に出す操作は，たぶん疲れる．

コラム　透明マント

映画のなかでは，透明マントというものもあった．ただしこれは，ディスプレイが透明なわけではない．もしそうだったら，なかの人間が見えてしまう．周辺の景色をカメラで撮りながら，それをマント型ディスプレイに表示すればいいかもしれない．この場合も，マント型にしないといけないので，つぎに説明するフレキシブルディスプレイが，あるとすればただひとつの解決法である．

(ii)　くるくる…フレキシブルディスプレイ

プラスティックのうえに作れば，フレキシブルディスプレイとなる．具体的にはいろいろな使いかたが考えられるが，難易度がやさしい順に，まずは，アンブレイカブルディスプレイがある．これは，ガラスのようには割れないというもので，曲げるわけではない．つぎに，カーブドディスプレイがあり，これは曲げたまま動かさずに使うもので，製品のデザインの工夫として役立つ．そして，ローラブルディスプレイで，巻いたり伸ばしたりできるもので，使わないときは巻いてしまっておき，使うときには伸ばして使う．最後は，フォルダブルディスプレイで，折りたたみ式のディスプレイである．折りたたむということはきわめて急な角度で曲げるということなので，もっとも難しい．

アンブレイカブルディスプレイ
割れない

落としても大丈夫

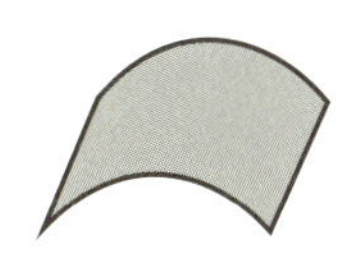

カーブドディスプレイ
曲げたまま動かさずに使う

柱や天井の曲面で絵が動く

ローラブルディスプレイ
巻いたり伸ばしたりできる

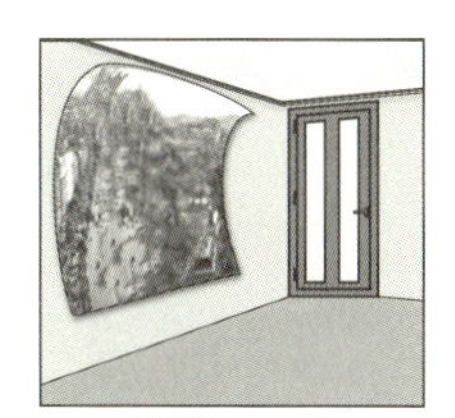

壁貼テレビ

フォルダブルディスプレイ
折りたためる

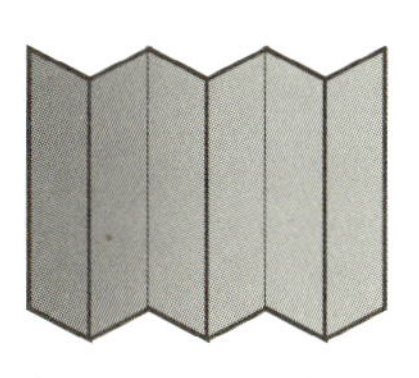

屏風型ディスプレイ

図3・35　フレキシブルディスプレイの難易度

プラスティックの耐熱温度はおおよそ200 °C以下で，なじみの深いポリエチレンテレフタラート（PET）などでは100 °C以下である．（みなさんがいつも買っているPETボトルは，かわいいからペットではなくて，材料の略称である）有機ELの製造の工程では，一般の半導体ほどの高温は使わないものの，そうはいっても蒸着のときの蒸着源からの輻射熱などで，これくらいまで温度が上がる可能性はある．また，薄膜トランジスタを低温で作るのは難しい．低温多結晶シリコン薄膜トランジスタでは300 °Cくらいまで温度が上がるし，酸化物薄膜トランジスタでも最後に300 °Cくらいのアニールがなければ十分な特性にならない，これらの製造の工程の温度を，いかに低温にできるかが，プラスティック基板の使用，すなわち，フレキシブルディスプレイの実現に対する課題である．

表3・1　プラスティックの耐熱温度

プラスティック	分子構造	耐熱温度
ポリエチレンテレフタラート PET	$\left[-O-C(=O)-C_6H_4-C(=O)-O-CH_2-CH_2- \right]_n$	80 °C
ポリエチレンナフタレート PEN	$\left[-O-C(=O)-C_{10}H_6-C(=O)-O-CH_2-CH_2- \right]_n$	120 °C
ポリカーボネート PC	$\left[-O-C_6H_4-C(CH_3)_2-C_6H_4-O-C(=O)- \right]_n$	180 °C
ポリエーテルサルホン PES	$\left[-O-C_6H_4-S(=O)_2-C_6H_4-O- \right]_n$	200 °C

すでに書いたとおり，有機ELはとにかく水分に弱い．プラスティックは，けっこう気体を通す（ペットボトルのコーラは1年後には炭酸が抜けている）．そのため，プラスティックを基板に使うときは，

基板がわから入って水分を抑えねばならない．プラスティックの表面の，膜封止が有効である．

別のアプローチとして，特に水分に弱い電子注入層について，新しい材料を開発したことが発表されている．ただし，この材料はその成膜プロセスですでにある有機の薄膜を傷めてしまうため，先に成膜する逆構造有機ELデバイス（iOLED）が提案されている[60]．

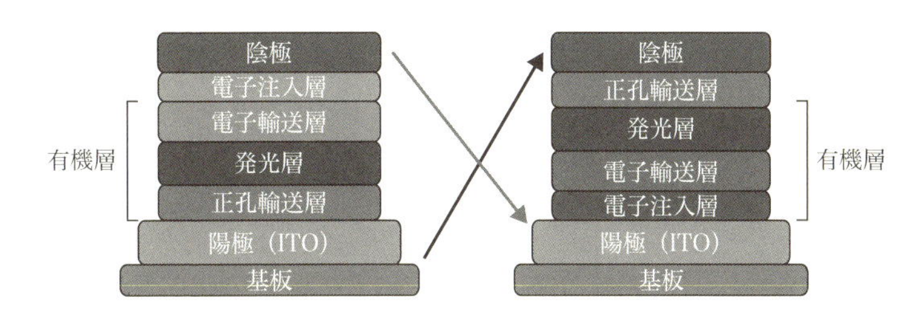

図3・36　電子注入層として新材料を使う逆構造有機ELデバイス

(iii) いい感じの照明

有機ELは，面光源となる．薄型・軽量，曲げることができる，熱くならない，などの利点もある．図3・37に示すようにこれらの利点を生かした，特有の照明が期待できる．

たとえば，天井とか壁の広い面積を光らせるとか，凝ったデザインのインテリア照明だとかである．全体にやさしく光るので，直接なんだけれども間接照明のような，リラックスした雰囲気の照明となる．また，テーマパークや各種のイベントや2020年など，未来的・幻想的な光景をつくるには，もってこいである．たとえば，図3・37(a)は，コニカミノルタがハウステンボスと共同で開発した，数千本の「光る有機ELチューリップ」で，2015年の「チューリップ祭」の夜を彩った．

(a)　コニカミノルタ
©ハウステンボス/J-17747

(b)　Lumiotec（Ichimatsu）

図3・37　さまざまな有機ELの照明

3.8　こんな未来はいかが

ここまでに書いてきたのは，まあまあたぶん出てくるであろうアプリケーションであった．ここからは，もっと未来のことを，想像をたくましく考えてみる．

(i)　ウェアラブルディスプレイ

ウェアは着る，あるいは，身に着けるという意味なので，ウェアラブルディスプレイとは，身に着けることのできるディスプレイという意味である．スマホはすでにこのコンセプトをかなり実現している．

ヘッドマウントディスプレイは，常に装着しているディスプレイである．スマホよりも，現実の世界とのコミュニケーションを重視する傾向がある．これは，仮想現実（ヴァーチャルリアリティ，VR）とか，拡張現実（オーギュメンテッドリアリティ．AR）とかよばれる[61]．現実の光景のうえに，いろいろな情報や画像が載る．Pokémon GO

もその一種であろう．PlayStation®VRでは，高解像度のVRヘッドセットとオーディオ技術の連動で，圧倒的な臨場感を得ることができる．

一般的には，ヘッドマウントディスプレイ＋ヴァーチャルリアリティとなると，ターミネーターの目とか，ドラゴンボールのスカウターのような感じである．生活の場，ゲーム，生産の現場（現実に製造している製品に，作業の手順の画像がオーバラップする），あるいは戦場（操作するのは非戦闘区域から．戦争そのものがよろしくないが…）などで使うことが想定できる．

(a) ヘッドマウントディスプレイ（ソニー製　生産完了）

(b)

図3・38　ヘッドマウントディスプレイで拡張現実感を

メガネは少しでも軽くしたいので，有機ELディスプレイの，極薄で軽量という特長を生かすことができる．ただし，小型でありながら，「視」近距離なので，超高精細である必要がある．たとえば，図3・39に示すように半導体シリコン駆動技術と有機EL駆動技術を組み合わせた，ヘッドマウントディスプレイのための有機ELディスプレイが開発されている[62],[63]．

(a)　有機ELディスプレイ
(ソニー製)

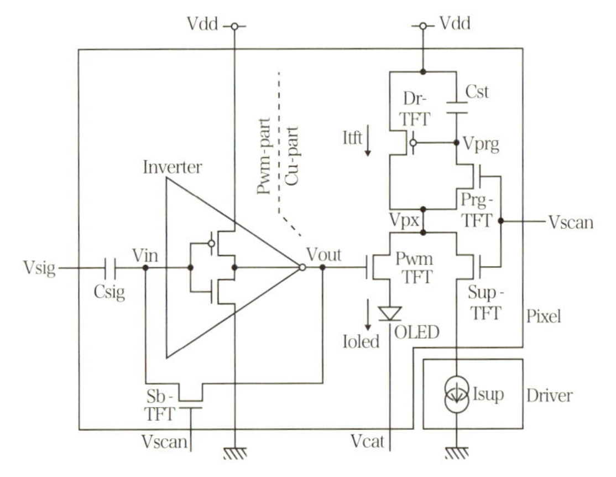

(b)　LSIを想定した有機ELディスプレイの駆動回路
((a)のものとは関連しない)

図3・39　ヘッドマウントディスプレイのための有機ELディスプレイ

ヘッドマウントディスプレイ以外にも，時計に搭載したウェアラブルディスプレイが発売されている．有機ELのフレキシブルディスプレイならば，不自然さなく服に搭載できるかもしれない．着るテレビである．もっとすすんで，有機ELの生地で服をつくれば，気分によって柄を変えることのできる服ができるかもしれない．感情センサと組み込んで，ハッピーならピンク色，ブルーなら青色とか，あるいは，その逆にするとか…

図3・40　時計に搭載したり本当に着れたり

(ii)　クルマと有機EL

現在でもインパネ（運転席の前面にある計器類のパネル）の一部には，有機ELが使われている．ここでは安全性が第一であるため，明るく，ハッキリ見えて，動きも早い有機ELが，運転のために大切な情報を見逃すことがなく，よいそうである．いっぽうで，車内の照明にも，やさしい光の有機ELが適しているだろう．

図3・41　インパネには見やすい有機ELを
（トヨタ自動車株式会社の画像提供）

既にクルマの窓に貼る透明ディスプレイについては紹介した．フロントガラスに貼って，拡張現実感と組み合わせても面白い．今の法律では，安全性のために，フロントガラスは一定の割合で透明でなければならないが（透明ディスプレイはこの場合は透明のほうに入る？），将来は人工知能[64]を用いた自動運転の技術でぜったいぶつからないようになるので，何を表示してもよくなるだろう．屋根・床・ピラー（屋根を支える柱）など，すべて有機ELを貼ろう．車内はエンターテイメント空間となる．

さらに，ボディにも有機ELを貼ろう．気分によってボディカラーさえ変わる．加速するときは赤色で，ブレーキを踏むと青色になるとか．車線を譲るとき「お先にどうぞ」，相手は「ありがとうございます」（実は人工知能どうしの会話），本当に乗っているときだけ「赤ちゃんが乗ってます」，本当に出没するときだけ「熊出没注意」．保護色で姿をくらましても，今は安全性の問題があるが，すでに書いたとおりもう事故は絶対おこらないので大丈夫．車内もボディもクルマのデザインは曲面なので，フレキシブルな有機ELの出番です．

図3・42　車内もボディもディスプレイだらけ
（トヨタ自動車株式会社の画像提供）

(iii) どこでもディスプレイ

ユビキタス（＝いつでもどこでも空気のように）ディスプレイともいわれる[65]．有機ELで，使い捨てもできるほど安くなり（そのときは多少の画質の悪さには目をつむり），紙のようにペラペラで，貼るだけでディスプレイになるのであれば，街じゅうをディスプレイで埋め尽くすことができる．歩きながら，きわめて自然に，その時その人に便利な情報を得ることができる．ただし，画像を表示するためには，ディスプレイだけでなく，インターネットに代表されるような情報に，それもワイヤレスでアクセスする手段や，電源や，信号処理回路など，総合的なシステムも必要となる．

新エネルギー・産業技術総合開発機構（NEDO）
平成26年成果報告書「ディスプレイ分野の技術ロードマップの策定に関する検討および市場・技術開発動向等に関する調査」より引用

図3・43　街じゅうどこでもディスプレイ

(iv) 有機レーザー

少し学問的な話に戻るが，レーザーとは，波長や位相（波のタイミング）が揃っている（コヒーレントという）光のことである．これに対して，ふつうの光は，波長や位相が揃っていない（インコヒーレント）．

たとえるなら，ふつうの光は，大阪城公園でコンサートがあるときの大阪ビジネスパークの人の流れ（わかりにくい?!），レーザーはどこかの大学の集団行動のようなものである．行進のように揃っているので，広がらずに遠くまで届く．レーザーポインタは，スクリーン上に光の点をつくるが，懐中電灯ではそうはいかない．また，おおきなエネルギをもつことができる．

ふつうの光はバラバラ

レーザーは集団行動

図3・44　ふつうの光とレーザーのちがい

有機ELの発光は，ふたつのしくみからなっていた．ひとつめは，電子とホールが流れること，すなわち電流である．ふたつめは，エネルギの高い励起状態から，エネルギの低い基底状態へと状態が変化して，光を発することである．有機レーザーにするときに，状態変化のほうはほぼ問題ない．実際に，いまの世のなかには，色素レーザーというものがあって，別の光を与えて励起状態をつくることで，レーザーを発することができる．いっぽう，レーザーのためには，たくさんの集団行動が必要なので，たいへん大きな電流を流さなければならない．有機ELでは，せいぜい$mA \cdot cm^{-2}$（1 cm^2あたり1 mAが流れる）くらいの電流の密度であったが，有機レーザーにするには，$kA \cdot cm^{-2}$くらいが必要とされ，じつに100 万倍である．有機レーザーの実現に向けて，さまざまな研究開発が進んでいる．

コラム 究極のディスプレイはディスプレイではない

ふたたびディスプレイの話に戻ると，ディスプレイとは，現実の光景を再現する装置だといえよう．ということは，ディスプレイを見ている意識があるうちは，まだ究極のディスプレイではない．あ，これ本物かと思っていたけど，そうじゃなかったんだ，というのが理想である．すなわち，究極のディスプレイとは，ディスプレイだと思わせないもの，である．

図3・45 究極のディスプレイとは

有機ELは，いまのディスプレイの性能として挙がる，画像の細かさ，画面の明るさ，色の鮮やかさ，動きの速さなど，たいへんよい特性を持っている．それに加えて，透明ディスプレイ，フレキシブルディスプレイ，ヘッドマウントディスプレイなど，これまでのディスプレイでは得られにくかった大きな可能性を持っている．こうした意味でも，有機ELは，究極のディスプレイとして，これまでも期待されてきたし，今後も期待されてゆくであろう．

参考文献

[1] M. Pope, H. P. Kallmann, and P. Magnante, Electroluminescence in Organic Crystals, J. Chem. Phys. 38, 2042, 1963.

[2] W. Helfrich and W. G. Schneider, Recombination Radiation in Anthracene Crystals, Phys. Rev. Lett. 14, 229, 1965.

[3] C. W. Tang and S. A. VanSlyke, Organic Electroluminescent Diodes, Appl. Phys. Lett. 51, 913, 1987.

[4] J. H. Burroughes, D. D. C. Bradley, A. R. Brown, R. N. Marks, K. Mackay, R. H. Friend, P. L. Burns, and A. B. Holmes, Light-Emitting Diodes based on Conjugated Polymers, Nature 347, 539, 1990.

[5] http://pioneer.jp/corp/news/press/index/761

[6] M. Matsuura, M. Eida, M. Funahashi, K. Fukuoka, H. Tokailin, C. Hosokawa, T. Kusumoto, Color Organic EL Displays, IDW ' 97, 581, 1997.

[7] M. Kimura, I. Yudasaka, S. Kanbe, H. Kobayashi, H. Kiguchi, S. Seki, S. Miyashita, T. Shimoda, T. Ozawa, K. Kitawada, T. Nakazawa, W. Miyazawa, and H. Ohshima, Low-Temperature Polysilicon Thin-Film Transistor Driving with Integrated Driver for High-Resolution Light Emitting Polymer Display, IEEE Trans. Electron Devices 46, 2282, 1999.

[8] H. Kobayashi, S. Kanbe, S. Seki, H. Kigchi, M. Kimura, I. Yudasaka, S. Miyashita, T. Shimoda, C. R. Towns, J. H. Burroughes, and R. H. Friend, A Novel RGB Multicolor Light-Emitting Polymer Display, Synthetic Metals 111-112, 125, 2000.

[9] S. Utsunomiya, T. Kamakura, M. Kasuga, M. Kimura, W. Miyzawa, S. Inoue, and T. Shimoda, Flexible TFT-LEPD Transferred onto Plastic SUbstrate Using Free Technology by Laser Ablation/Annealing (SUFTLA), Euro Display '02, 79, 2002.

[10] 時任 静士，安達 千波矢，村田 英幸著：『有機ELディスプレイ』，オーム社，2004年．

[11] 森 竜雄著：『トコトンやさしい有機ELの本』，日刊工業新聞社，2008年．

[12] 城戸 淳二著：『有機ELのすべて』，日本実業出版社，2003年．

[13] 内田 龍男著：『図解 電子ディスプレイのすべて』，工業調査会，2006年．

[14] 麻蒔 立男著：『薄膜作成の基礎』, 日刊工業新聞社, 1977年.

[15] 早川 茂, 和佐 清孝著：『薄膜化技術』, 共立出版, 1982年.

[16] H. Kobayashi, S. Kanbe, S. Seki, H. Kigchi, M. Kimura, I. Yudasaka, S. Miyashita, T. Shimoda, C. R. Towns, J. H. Burroughes, and R. H. Friend, A Novel RGB Multicolor Light-Emitting Polymer Display, Synthetic Metals 111-112, 125, 2000.

[17] K. Nagayama, T. Yahagi, H. Nakada, T. Tohma T. Watanabe, K. Yoshida, and S. Miyaguchi, Micropatterning Method for the Cathode of the Organic Electroluminescent Device, Jpn. J. Appl. Phys. 36, L1555, 1997.

[18] 大村 泰久著：『半導体デバイス工学』, オーム社, 2012年.

[19] M. Kimura, I. Yudasaka, S. Kanbe, H. Kobayashi, H. Kiguchi, S. Seki, S. Miyashita, T. Shimoda, T. Ozawa, K. Kitawada, T. Nakazawa, W. Miyazawa, and H. Ohshima, Low-Temperature Polysilicon Thin-Film Transistor Driving with Integrated Driver for High-Resolution Light Emitting Polymer Display, IEEE Trans. Electron Devices 46, 2282, 1999.

[20] 佐々木 昭夫, 苗村 省平著：『液晶ディスプレイのすべて 大画面・高精細をめざして』, 工業調査会, 1993年.

[21] 松本 正一著：『液晶ディスプレイ技術 ―アクティブマトリクスLCD―』, 産業図書, 1996年.

[22] 鈴木 八十二著：『液晶ディスプレイ工学入門』, 日刊工業新聞社, 1998年.

[23] 小林 駿介著：『次世代液晶ディスプレイ』, 共立出版, 2000年.

[24] 苗村 省平著：『はじめての液晶ディスプレイ技術』, 工業調査会, 2004年.

[25] 山崎 照彦, 川上 英昭, 堀 浩雄, カラーTFT液晶ディスプレイ, 共立出版, 2005年.

[26] 鈴木 八十二, 新居崎 信也著：『トコトンやさしい液晶の本(第2版)』, 日刊工業新聞社, 2016年.

[27] 薄膜材料デバイス研究会著：『薄膜トランジスタ』, コロナ社, 2008年.

[28] M. Kimura, Behavior Analysis of an LDD Poly-Si TFT using 2-D Device Simulation, IEEE Trans. Electron Devices 59, 705, 2012.

[29] 服部 励治著：『有機ELディスプレイの駆動方法と回路設計』, カレッジセミナー, トリケップス, 2005年.

[30] M. Kimura and Y. Kubo, Analysis of Bright Lines in Passive-Matrix OLEDs using High-Speed Photography, SID '06 37, 912, 2006.

[31] 木村 睦, 松枝 洋二郎, 小澤 徳郎, マイケル クイン, トランジスタ回路, 表示パネル及び電子機器, 日本国特許 特開平11-272233

[32] R. M. A. Dawson, Z. Shen, D. A. Furst, S. Connor, J. Hsu, M. G. Kane, R. G. Stewart, A. Ipri, C. N. King, P. J. Green, R. T. Flegal, S. Pearson, W. A. Barrow, E. Dickey, K. Ping, S. Robinson, C. W. Tang, S. V. Slyke, C. H. Chen, J. Shi, M. H. Lu, M. Moskewicz, and J. C. Strum, A Poly-Si Active-Matrix OLED Display with Integrated Drivers, SID '99 30, 438, 1999.

[33] R. M. A. Dawson, Z. Shen, D. A. Furst, S. Connor, J. Hsu, M. G. Kane, R. G. Stewart, A. Ipri, C. N. King, P. J. Green, R. T. Flegal, S. Pearson, W. A. Barrow, E. Dickey, K. Ping, S. Robinson, C. W. Tang, S. V. Slyke, C. H. Chen, J. Shi, M. H. Lu, and J. C. Strum, "The Impact of the Transient Response of Organic Light Emitting Diodes on the Design of Active Matrix OLED Displays, IEDM ' 98, 875, 1998.

[34] M. Kimura, D. Suzuki, M. Koike, S. Sawamura, and M. Kato, Pulsewidth Modulation with Current Uniformization for AM-OLEDs, IEEE Trans. Electron Devices 57, 2624, 2010)

[35] ファインマン, レイトン, サンズ著『ファインマン物理学V 量子力学』, 岩波書店, 1979年.

[36] 時任 静士, 安達 千波矢, 村田 英幸著『有機ELディスプレイ』, オーム社, 2004年.

[37] 森 竜雄著『トコトンやさしい有機ELの本』, 日刊工業新聞社, 2008年.

[38] 内田 龍男著『図解 電子ディスプレイのすべて』, 工業調査会, 2006年.

[39] A. Endo, K. Sato, K. Yoshimura, T. Kai, A. Kawada, H. Miyazaki, and C. Adachi, Efficient Up-Conversion of Triplet Excitons into a Singlet State and its Application for Organic Light Emitting Diodes, Appl. Phys. Lett. 98, 083302, 2011.

[40] H. Uoyama, K. Goushi, K. Shizu, H. Nomura and C. Adachi, Highly Efficient Organic Light-Emitting Diodes from Delayed Fluorescence, Nature 492, 234, 2012.

[41] http://www.cstf.kyushu-u.ac.jp/~adachilab/lab/wp-content/uploads/2012/08/adachiLab2011.pdf

[42] http://shintech.jp/wordpress/jp/software/oledm.html

[43] H. Sano, R. Ishida, T. Kura, S. Fujita, S. Naka, H. Okada, and T. Takai, Transparent Organic Light-Emitting Diodes with Top Electrode using Ion-Plating Method, IEICE Trans. Electronics E98.C, 1035, 2015.

[44] http://www.hyoka.koho.titech.ac.jp/eprd/recently/research/research.php?id=306

[45] H. Sasabe, K. Minamoto, Y.-J. Pu, M. Hirasawa, and J. Kido, Ultra High-Efficiency Multi-Photon Emission Blue Phosphorescent OLEDs with External Quantum Efficiency exceeding 40%, Organic Electronics 13, 2615, 2012.

[46] C. Hosokawa, M. Eida, M. Matsuura, K. Fukuoka, and T. Kusumoto, Organic Multi-Color Electroluminescence Display with Fine Pixels, Synthetic Metals 91, 3, 1997.

[47] M. Matsuura, M. Eida, M. Funahashi, K. Fukuoka, H. Tokailin, C. Hosokawa, T. Kusumoto, Color Organic EL Displays, IDW '97, 581, 1997.

[48] 桜井 建弥, 色変換方式による有機ELディスプレイ, 富士時報 76, 409, 2003年.

[49] 川島 康貴, 山成 淳一, NEC技法 59, 96, 2006年.

[50] S. T. Lee, B. D. Chin, M. H. Kim, T. M. Kang, M. W. Song, J. H. Lee, H. D. Kim, H. K. Chung, M. B. Wolk, E. Bellmann, J. P. Baetzold, S. Lamansky, V. Savvateev, T. R. Hoffend Jr., J. S. Staral, R. R. Roberts, and Y. Li, A Novel Patterning Method for Full-Color Organic Light-Emitting Devices: Laser Induced Thermal Imaging (LITI), SID '04, 1008, 2004.

[51] J. Lee, B.-J. Jung, J.-I. Lee, H. Y. Chu, L.-M. Do, and H.-K. Shim, Modification of an ITO Anode with a Hole-Transporting SAM for Improved OLED Device Characteristics, J. Mater. Chem. 12, 3494, 2002.

[52] K. Nomura, H. Ohta, A. Takagi, T. Kamiya, M. Hirano, and H. Hosono, Room-Temperature Fabrication of Transparent Flexible Thin-Film Transistors using Amorphous Oxide Semiconductors, Nature 432, 488, 2004.

[53] 松田 時宜, 木村 睦, 新規酸化物半導体TFTの形成及び評価, 酸化物半導体討論会, 2015年.

[54] S. Yamazaki and N. Kimizuka, Physics and Technology of Crystalline Oxide Semiconductor CAAC-IGZO: Fundamentals, Wiley, 2016.

[55] 中嶋 宜樹, 武井 達哉, 藤崎 好英, 深川 弘彦, 鈴木 充典, 本村 玄一, 佐藤 弘人, 山本 敏裕, 時任 静士, 信学技報 EID2009-53, 25, 2010年

[56] H. Kajii, H. Tanaka, Y. Kusumoto, T. Ohtomo, and Y. Ohmori, In-Plane Light Emission of Organic Light-Emitting Transistors

with Bilayer Structure using Ambipolar Semiconducting Polymers, Organic Electronics 16, 26, 2015.

[57] http://www.lg.com/jp/oled-tv

[58] T. Hatakeyama, K. Shiren, K. Nakajima, S. Nomura, S. Nakatsuka, K. Kinoshita, J. Ni, Y. Ono, and T. Ikuta, Ultrapure Blue Thermally Activated Delayed Fluorescence Molecules: Efficient HOMO–LUMO Separation by the Multiple Resonance Effect, Advanced Materials 28, 2777, 2016.

[59] T. Ishibashi, J. Yamada, T. Hirano, Y. Iwase, Y. Sato, R. Nakagawa, M. Sekiya, T. Sasaoka, and T. Urabe, Active Matrix Organic Light Emitting Diode Display based on "Super Top Emission" Technology, Jpn. J. Appl. Phys. 45, 4392, 2006.

[60] http://www.nhk.or.jp/pr/marukaji/pdf_ver/351.pdf

[61] http://isw3.naist.jp/Contents/Research/mi-05-ja.html

[62] http://www.sony.jp/hmd/products/HMZ-T2/feature_1.html

[63] 木村 睦, 西依 知也, 鈴木 大介, 小池 正通, 澤村 茂樹, 加藤 正和, AM-OLEDの電流均一化パルス幅変調駆動方式 ～ 発光履歴に応じて生じる輝度低下の抑制効果検証 ～, 映像情報メディア学会誌 69, J121, 2015年.

[64] 木村 睦著『搭載!! 人工知能』, 電気書院, 2016年.

[65] 木村 睦, フレキシブル・透明ディスプレイ, 第4回 新産業技術促進検討会「NEDOにおけるディスプレイ分野のロードマップ」, 2015年.

索　引

数字

アルファベット

あ

か

ま

や

ら

おわりに

有機ELの基礎から，素子構造や動作原理をはじめ，製造プロセスや駆動方式など，ひととおりの知識を勉強し，そしてさらにかなり高度な内容まで学んだ．最後には，これらのことに基づいて，現在の有望な技術を知り，将来の新しい技術について，いっしょに考えた．

そこであらためて思うのは，もうデバイスだけ作っているのではいけないということである．半導体も液晶テレビも太陽電池もそうであったが（コラムを参照），時代の流れもあって，ますますそうなっている．透明でフレキシブルなディスプレイをどのように使うのか，ウェアラブルディスプレイは拡張現実感の技術があってはじめて使い物になり，クルマや社会との関係も大事になってくる．また，最後に述べたとおり，究極のディスプレイとは，ディスプレイだと思わせないもの，である．そのとき必要とされる技術は，言うまでもなくデバイスだけではない．

筆者はもともと，デバイスの研究開発をやっていたが，最近は情報やシステムの勉強をしている．ディスプレイは人間と情報のインターフェイスであり，より高いところから俯瞰することは有用であろうという考えに基づく．同じ分野にとどまっていたのでは，進歩はない．

自分の考えを，あえて読者のみなさんに押しつけたい．いま，有機ELの研究開発をやっているかたは，物理や化学や材料の専門家か，液晶ディスプレイなどをやってきていた技術者で，これまでの考えから抜け出せていないかたもいるのではないだろうか．有機ELは，その応用も含めて，さまざまな新しい特徴があり，既存のワクから飛び出せる可能性がある．そこで，みなさんには，どんどん違った分野の勉強をして，新たな風を吹き込んでほしい．逆に，異分野から本書を読んでいただいたかたも，ご自身の知識を総動員して，有機ELの新しい未来を提案していただきたい．それではじめて，有機ELは，真の実力を発揮できるのではないだろうか．

おわりに，本書が，有機ELの未来に少しでも貢献するとともに，お読みいただいたかたが何かを得ていただいたことを願い，むすびの言葉とさせていただきたい．

2017年3月　著者記す

〜〜〜〜 著 者 略 歴 〜〜〜〜

木村 睦（きむら むつみ）

1989年 京都大学 工学部 物理工学科 卒業
1991年 京都大学 大学院 工学研究科 物理工学専攻 修士課程修了
1991年 松下電器産業株式会社 入社
1995年 セイコーエプソン株式会社 入社
2001年 東京農工大学 博士（工学）取得
2003年 龍谷大学 理工学部 電子情報学科 講師
2005年 龍谷大学 理工学部 電子情報学科 助教授 のちに准教授
2008年 龍谷大学 理工学部 電子情報学科 教授 現在に至る
2014年 北陸先端科学技術大学院大学 教育連携客員教授
2016年 Texas A&M University, Visiting Lecturer

スッキリ！がってん！ 有機ELの本

2017年 4月 3日 第1版第1刷発行

著 者 木（き） 村（むら） 睦（むつみ）
発行者 田 中 久 喜

発 行 所
株式会社 電 気 書 院
ホームページ www.denkishoin.co.jp
（振替口座 00190-5-18837）
〒101-0051 東京都千代田区神田神保町1-3ミヤタビル2F
電話(03)5259-9160／FAX(03)5259-9162

印刷 中央精版印刷株式会社
Printed in Japan／ISBN978-4-485-60023-8

• 落丁・乱丁の際は，送料弊社負担にてお取り替えいたします．

書籍の正誤について

万一，内容に誤りと思われる箇所がございましたら，以下の方法でご確認いただきますようお願いいたします．

なお，正誤のお問合せ以外の書籍の内容に関する解説や受験指導などは**行っておりません**．このようなお問合せにつきましては，お答えいたしかねますので，予めご了承ください．

正誤表の確認方法

最新の正誤表は，弊社Webページに掲載しております．「キーワード検索」などを用いて，書籍詳細ページをご覧ください．

正誤表があるものに関しましては，書影の下の方に正誤表をダウンロードできるリンクが表示されます．表示されないものに関しましては，正誤表がございません．

弊社Webページアドレス
http://www.denkishoin.co.jp/

正誤のお問合せ方法

正誤表がない場合，あるいは当該箇所が掲載されていない場合は，書名，版刷，発行年月日，お客様のお名前，ご連絡先を明記の上，具体的な記載場所とお問合せの内容を添えて，下記のいずれかの方法でお問合せください．

回答まで，時間がかかる場合もございますので，予めご了承ください．

郵送先
〒101-0051
東京都千代田区神田神保町1-3
ミヤタビル2F
㈱電気書院　出版部　正誤問合せ係

ファクス番号　**03-5259-9162**

弊社Webページ右上の「**お問い合わせ**」から
http://www.denkishoin.co.jp/

お電話でのお問合せは，承れません

（2015年10月現在）